书籍是在时代的波涛中航行的思想之船，

它小心翼翼地把珍贵的货物运送给一代又一代。

——Francis Bacon（弗朗西斯·培根）

中国书籍设计网
bookdesign.artron.net

书籍设计 Book DESIGN

封面字体设计：朱志伟

主办 | 中国出版协会装帧艺术工作委员会
编辑出版 | 《书籍设计》编辑部
主编 | 胡守文
副主编 | 吕敬人
副主编 | 万捷
编辑部主任 | 符晓笛
执行编辑 | 刘晓翔
责任编辑 | 马惠敏
设计 | 刘晓翔工作室
监制 | 胡俊
印装 | 北京雅昌艺术印刷有限公司
出版发行 | 中国青年出版社
社址 | 北京东四十二条21号　邮编 | 100708
网址 | www.cyp.com.cn
编辑部地址 | 北京市海淀区中关村南大街17号
韦伯时代中心C座603室　邮编 | 100081
电话 | 010-88578153　88578156　88578194
传真 | 010-88578153
网址 | bookdesign.artron.net
E-mail | xsw_88@126.com

图书在版编目（CIP）数据

书籍设计 . 第 14 辑 / 中国出版协会装帧艺术工作委员会编 . -- 北京 : 中国青年出版社 , 2014.10
ISBN 978-7-5153-2875-1
Ⅰ . ①书… Ⅱ . ①中… Ⅲ . ①书籍装帧－设计 Ⅳ . ① TS881
中国版本图书馆 CIP 数据核字 (2014) 第 251467 号

定价 : 48.00 元

书籍设计

14

Book DESIGN

中国出版协会装帧艺术工作委员会 编

中国青年出版社

艺理论说

钱君匋铜像 / 现藏于人民音乐出版社

留下 20 世纪百年书籍艺术印迹的人

——写在钱君匋遗珍馈赠之际

吕敬人

今天是中国出版界、书籍设计界一个重要的日子，被誉为中国近代书籍艺术界的泰斗之一，为中国出版业和书籍艺术奉献一生的设计大师钱君匋先生的遗作、遗稿和藏书捐赠仪式在钱老曾经付出辛劳和心力的中国音乐出版社举行。他一生创作了大量的书籍艺术作品，他为之奋斗 70 余年的书籍艺术成就成为我们后生学习的宝贵财富，他一生集书法、篆刻、诗歌、音乐的艺术造诣和修为是几代后来者的楷模。

钱老的青年时代正处在五四新文化运动高潮影响下和中国的书籍制度西学东渐之际，中国的出版业和书籍设计界在鲁迅先生首开新风的创导下，钱老与一批同道者一起与旧文化模式决裂，在中国悠久丰饶的历史艺术土壤中，寻觅祖先的文化基因，同时又广泛吸纳世界多元的审美元素，挖掘前所未有的视觉境地，开拓出一本本中西兼容、风格清新、出人意表的书籍容貌来。从自然主义到浪漫主义，从俄罗斯构成主义到意大利未来派，从革命文学到唯美风格……他当年活跃于上海书籍艺术舞台，与得到鲁迅赏识的陶元庆同为该时代的书籍艺术家群体中的佼佼者，被并称为“陶 / 钱”书艺新潮。

20 世纪初，年方 20 岁的钱君匋在上海私立艺术师范学校完成学业后，即到了上海开明书店编辑部工作，经由鲁迅先生的积极鼓励和点拨，又受到丰子恺先生的大力扶持，

人民音乐出版社莫蕴慧社长（右一）向捐赠人钱君匋长孙钱俊先生颁发证书

人民美术出版社总编辑林阳（右）为捐赠仪式题词并赠送于钱君匋之子钱大绪（左一）

人民音乐出版社副社长杨伯勋（左二）主持钱君匋遗存捐赠仪式并与中国出版集团领导王涛（左一）及人民音乐出版社前社长孙慎（右二）亲切交谈

陈辉（左一）、钱俊（左二）、浙江海宁钱君匋艺术馆馆长（左三）、钱大绪（左四）观看钱君匋遗赠

更令他的才华造诣在书籍艺术设计生涯中声名鹊起，直至他 90 高龄的晚年，仍在为书籍艺术耕耘不辍，他的艺术生命之长几近一个世纪，可以说他不愧为给中国书籍设计艺术留下百年印迹的人。

这次钱老家属捐赠的珍贵史料极为重要，有他的创作原稿、设计出版的作品，以及重要藏书，还有非常难得的书籍艺术论文手稿，全面记录下他在长达近一个世纪创作活动中梳理的理性思考和书卷艺术、审美思想。本辑《书籍设计》将他 1980 年在北京的演讲手稿原汁原味地呈现出来，不但别有一番风景，其文稿本身也堪称一件艺术品（我们特意展示钱老的原稿，其中只摘选少量段落印成印刷字体，请读者仔细品读原稿的韵味，同时编印钱老的代表作品以飨读者。——编者）细读他的文字真迹，感受字里行间流淌着艺术家对书籍艺术真挚追求的暖流和严谨的治学精神。该文为中国未来书籍艺术的传承和发展留下极为珍贵的学术研究文献，值得我们每一个从事书籍设计艺术的工作者学习和借鉴。

21 世纪是高速发展的时代，数码信息载体的发展无疑对传统的阅读习惯带来冲击，但无论是何种载体的构建都离不开文化根基的审美修养，钱老的书籍艺术高度，更来自他自身多方面艺术门类的修炼和永不保守的求新精神。我想，钱老的精彩演讲稿和艺术遗产正值得当今浮躁年代的人们反省、感悟与珍视。

记得另一位我很尊敬的、与钱老同时代的书籍艺术大师曹辛之先生，他谈到作为一个做书人要做到“三要”：“一要爱书，二要和作家交朋友，三要不断提高自己的修养。”钱老他一辈子与书打交道，受教于文者学人，坚持对新艺术的痴迷与纯真，永远行走在与时俱进的探索之路上，才有这样的修为，留下了那么丰厚而为后人借镜的艺术遗产，成为我们学习前辈艺术永远的价值所在。

2014.7.10

钱君匋部分遗赠

簡明音樂辭典
應用美術
人物編
繪畫魯迅小說
全集
篆刻字林
北新
基督教與異教美術的交替及文藝復興
錢君匋
一 基督教
本外埠各大藥房
大商店均有出售
上海福州路第九號
茂和公司藥品部經理
— 35 —

钱君匋手稿 / 摘抄

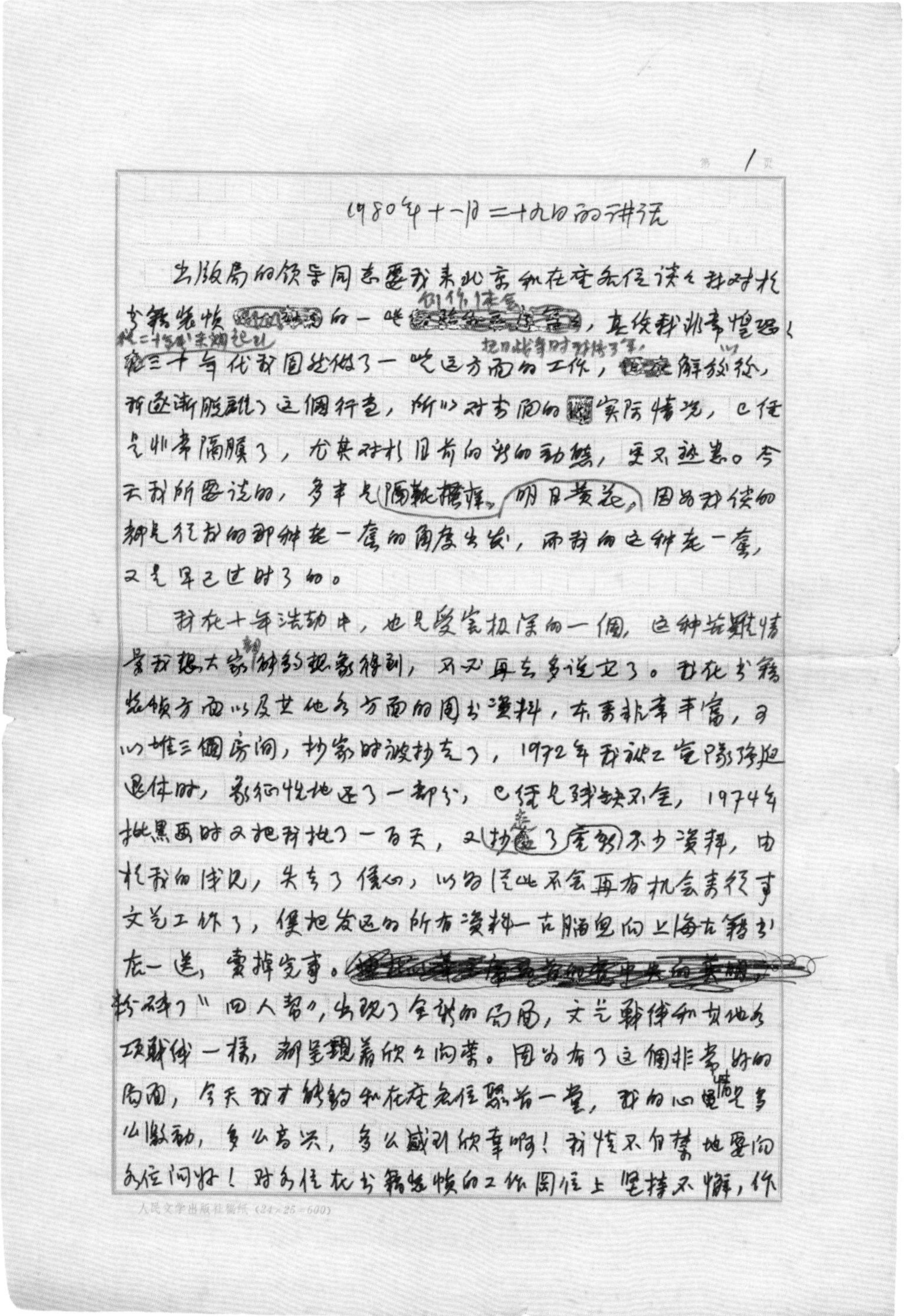

1980年十一月二十九日的讲话

出版局的领导同志要我来北京和在座各位谈谈我对于书籍装帧的一些创作体会，其实我非常惶恐，从三十年代我国曾做了一些这方面的工作，解放后，我逐渐脱离了这个行业，所以对书面的实际情况，已经是非常隔膜了，尤其对于目前的新的动态，更不熟悉。今天我所要谈的，多半是隔靴搔痒、明日黄花，因为我谈的都是往我的那种老一套的角度出发，而我的这种老一套，又是早已过时了的。

我在十年浩劫中，也是受害极深的一个，这种苦难情景我想大家都能够想象得到，不必再去多说它了。我在书籍装帧方面以及其他各方面的图书资料，本来非常丰富，可以堆三个房间，抄家时被抄走了，1972年我被工宣队强迫退休时，象征性地还了一部分，已经是残缺不全，1974年批黑画时又把我批了一百天，又重新抄走了不少资料，由于我的得见，失去了信心，以为从此不会再有机会来从事文艺工作了，便把发还的所有资料一古脑儿向上海古籍书店一送，卖掉完事。

粉碎了"四人帮"，出现了全新的局面，文艺战线和其他各项战线一样，都呈现着欣欣向荣。因为有了这个非常好的局面，今天我才能够和在座各位聚首一堂，我的心情是多么激动，多么高兴，多么感到欣幸啊！我情不自禁地要向各位问好！诸多位在书籍装帧的工作岗位上坚持不懈，作

人民文学出版社稿纸（24×25=600）

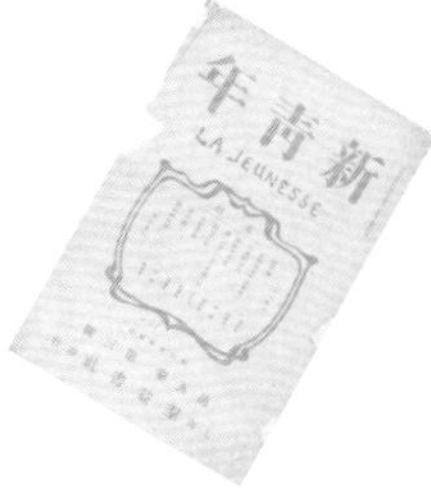

我在十年浩劫中，也是受害极深的一个，这种苦难情景我想大家都能够想象得到，不必再去多说它了。我在书籍装帧方面以及其他各方面的图书资料，本来非常丰富，可以堆三个房间，抄家时被抄走了，1972年我被工宣队强迫退休时，象征性地还了一部分，已经是残缺不全，1974年批黑画时又把我批了一百天，又重新抄走了不少资料。

粉碎了"四人帮"，出现了全新的局面，文艺战线和其他各项战线一样，都呈现着欣欣向荣。因为有了这个非常好的局面，今天我才能够和在座各位聚首一堂，我的心情是多么激动，多么高兴，多么感到欣幸啊！

《天演论》/［英］赫胥黎（Thomas Henry Huxley）著/严复 译

《新青年》/陈独秀 创办

鲁迅/1881—1936

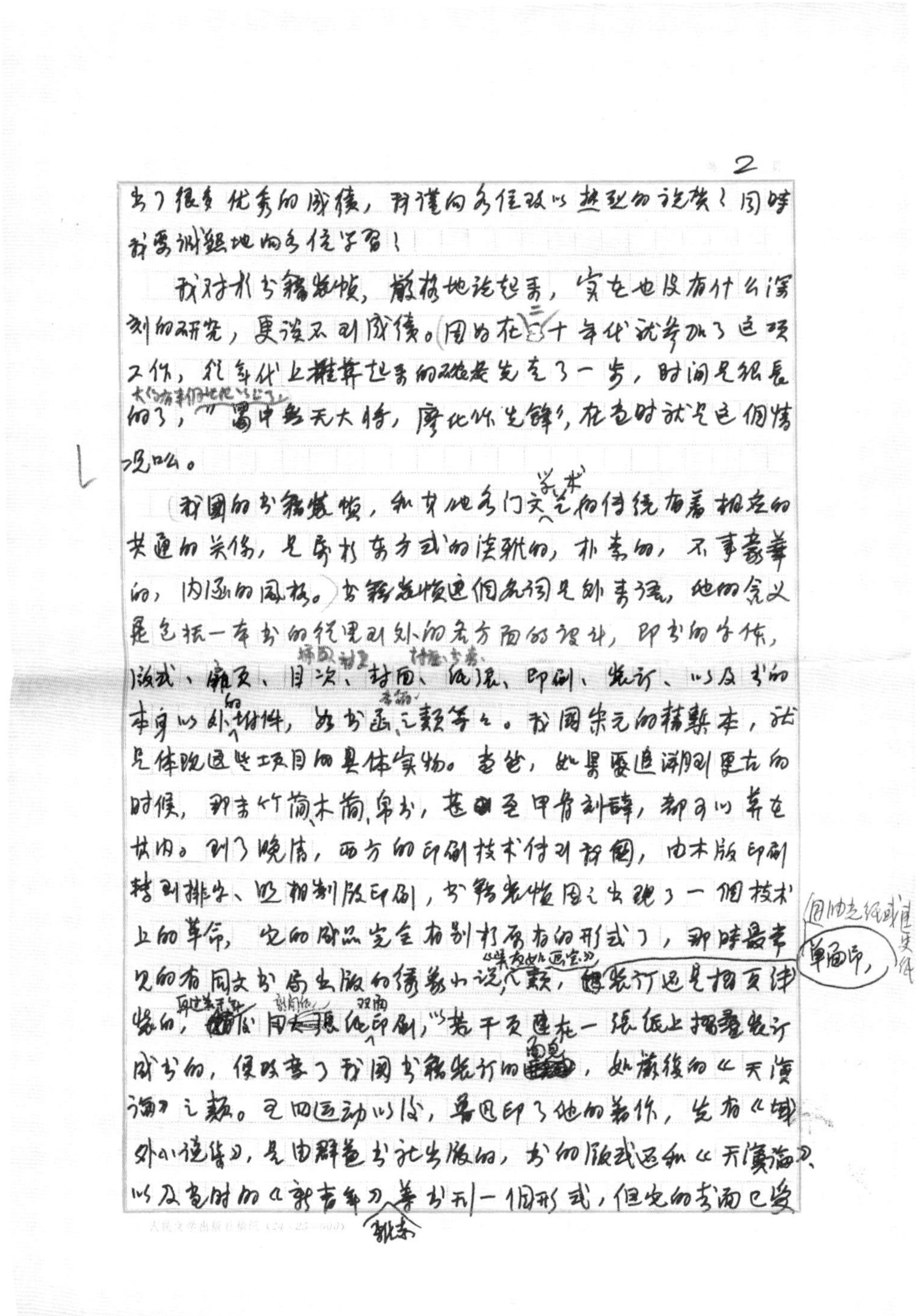
2

出了很多优秀的成绩，我谨向各位致以热烈的祝贺！同时我要诚恳地向各位学习！

我对于书籍装帧，严格地说起来，实在也没有什么深刻的研究，更谈不到成绩。因为在二十年代就参加了这项工作，在年代上推算起来的确是先走了一步，时间是很长的了，大约有半个世纪以上了，"蜀中无大将，廖化作先锋"，就是这个情况吧。

我国的书籍装帧，和其他各门文学艺术的传统有着相应的共通的关系，是属于东方式的淡雅的，朴素的，不事豪华的，内涵的风格。书籍装帧这个名词是外来语，他的含义是包括一本书的从里到外的各方面的设计，即书的字体，版式、扉页、目次、标题、衬页、封面、封底、书脊、纸张、印刷、装订、以及书的本身以外的附件，如书函、书箱之类等等。我国宋元的精椠本，就是体现这些项目的具体实物。当然，如果要追溯到更古的时候，那末竹简木简、帛书，甚至甲骨刻辞，都可以算在其内。到了晚清，西方的印刷技术传到我国，由木版印刷转到排字、照相制版印刷，书籍装帧因之出现了一个技术上的革命，它的成品完全有别于原有的形式了，那时最常见的有商务印书馆出版的绣像小说之类，……装订还是相页线装的，……用……双面印刷，……若干页连在一张纸上折叠装订成书的，保持了我国书籍装订的面目，如严复的《天演论》之类。五四运动以后，鲁迅印了他的著作，先有《域外小说集》，是由群益书社出版的，书的版式还和《天演论》以及当时的《新青年》等书刊一个形式，但它的书面已受

单面印，

人民文学出版社稿纸（24×25=600）

我国的书籍装帧，和其他各门文学艺术的传统有着相应的共通的关系，是属于东方式的淡雅的，朴素的，不事豪华的，内涵的风格。书籍装帧这个名词是外来语，他（它）的含义是包括一本书的从里到外的各方面的设计，即书的字体、版式、扉页、目次、标题、衬页、封面、封底、书脊、纸张、印刷、装订，以及书的本身以外的附件，如书函、书箱之类等等。

五四运动以后，鲁迅印了他的著作，先有《域外小说集》，是由群益书社出版的，书的版式还和《天演论》以及当时的《新青年》杂志等书刊一个形式，但它的书面已受外来影响（"外来影响"四字见下页手稿）。

《呐喊》/鲁迅 著/北京新潮出版社 /鲁迅 设计

《国学季刊》/鲁迅 设计

《铁流》/鲁迅 设计

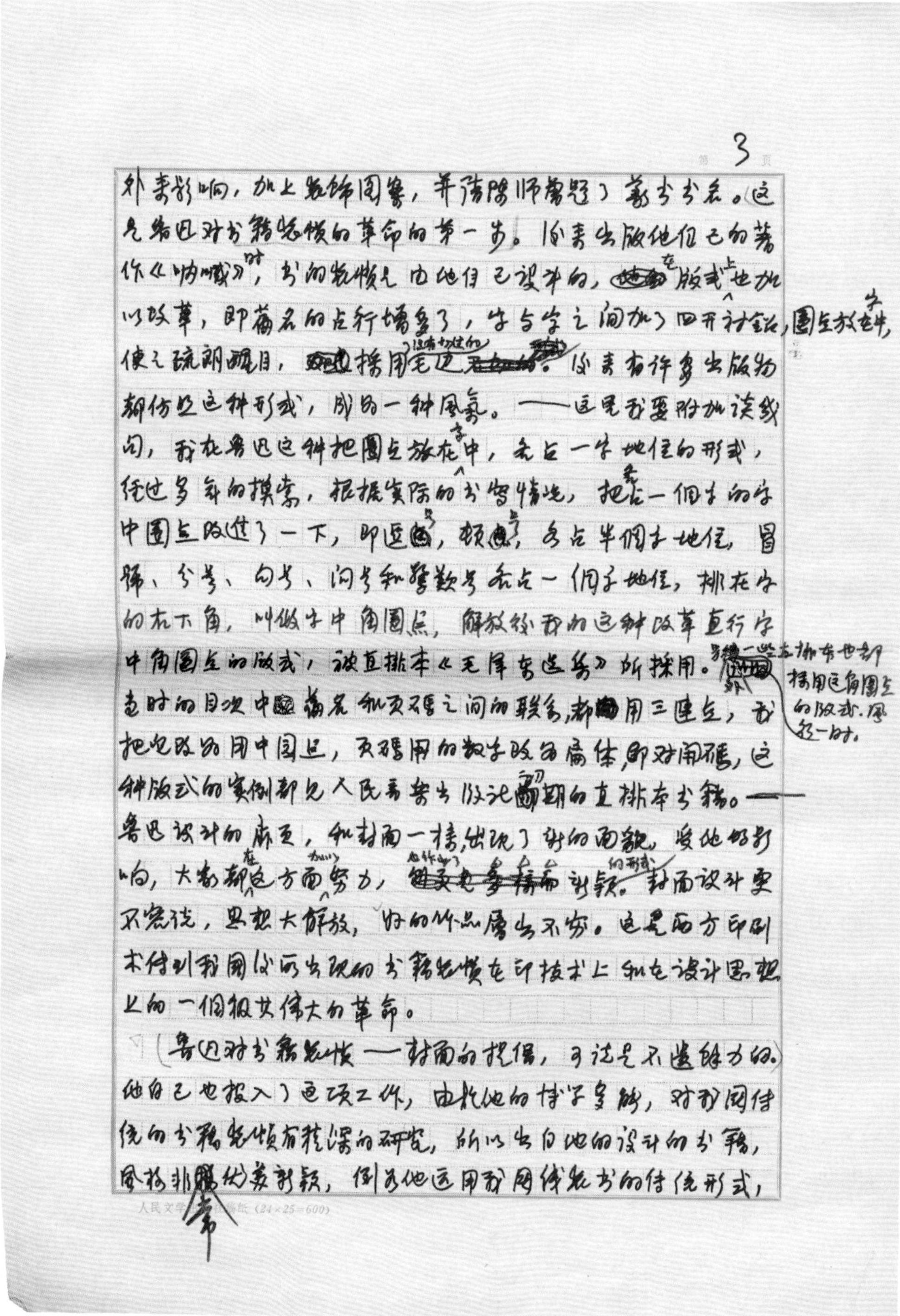
外来影响，加上装饰图案，并请陈师曾题了篆书书名。这是鲁迅对书籍装帧的革命的第一步。后来出版他自己的著作《呐喊》时，书的装帧是由他自己设计的，在版式上也加以改革，即篇名的占行增多了，字与字之间加了四开衬铅，圆点放在字中，使之疏朗醒目，采用了没有切过的毛边。后来有许多出版物都仿照这种形式，成为一种风气。——这里我要附加谈几句，我把鲁迅这种把圆点放在字中，各占一半地位的形式，经过多年的摸索，根据实际的书写情况，把各占一个字的字中圆点改进了一下，即逗号、顿号，各占半个字地位，冒号、分号、句号、问号和惊叹号各占一个字地位，排在字的右下角，叫做字中角圆点，解放后我的这种改革直行字中角圆点的版式，被直排本《毛泽东选集》所采用。当时的目次中篇名和页码之间的联系，都用三连点，我把它改为用中圆点，页码用的数字改为扁体，即对开码，这种版式的实例都见人民美术出版社初期的直排本书籍。——鲁迅设计的版式，和封面一样，出现了新的面貌，受他的影响，大家都在这方面加以努力，[illegible]新颖。封面设计更不容说，思想大解放，好的作品层出不穷。这是西方印刷术传到我国以后出现的书籍装帧在印技术上和在设计思想上的一个极其伟大的革命。

鲁迅对书籍装帧——封面的提倡，可说是不遗余力的。他自己也投入了这项工作，由于他的博学多能，对我国传统的书籍装帧有精深的研究，所以出自他的设计的书籍，风格非常[illegible]新颖，例如他运用我国线装书的传统形式，

人民文学[illegible]稿纸（24×25=600）

加上装饰图案，并请陈师曾题了篆书书名。这是鲁迅对书籍装帧的革命的第一步。后来出版他自己的著作《呐喊》时，书的装帧是由他自己设计的，在版式上也加以改革，即篇名的占行增多了，字与字之间加了四开衬铅，圆点放在字中，使之疏朗醒目，采用了没有切过的毛边。后来有许多出版物都仿照这种形式，成为一种风气……我在鲁迅这种把圆点放在字中，各占一半地位的形式，经过多年的摸索，根据实际的书写情况，把各占一个字的字中圆点改进了一下，即逗号、顿号，各占半个字地位，冒号、分号、句号、问号和惊叹号各占一个字地位排在字的右下角，叫做字中角圆点，解放后我的这种改革直行字中角圆点的版式，被直排本《毛泽东选集》所采用。

鲁迅对书籍装帧——封面的提倡，可说是不遗余力的。他自己也投入了这项工作，由于他的博学多能，对我国传统的书籍装帧有精深的研究，所以出自他的设计的书籍，风格非常优美新颖，例如他运用我国线装书的传统形式，

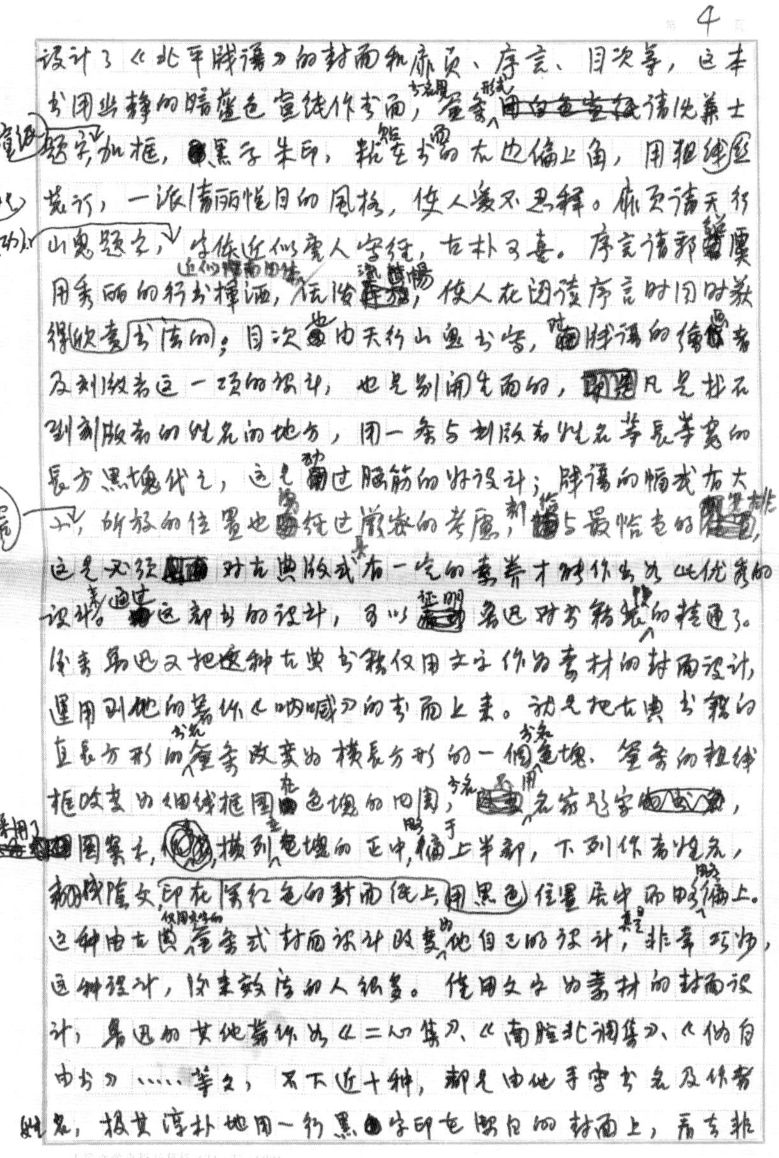

第4页

设计了《北平笺谱》的封面和扉页、序言、目次等，这本书用幽静的暗蓝色宣纸作书面，书名用签条形式请沈兼士题字，用白色宣纸加框，黑字朱印，粘贴在书面右边偏上角，用粗丝线装订，一派清丽悦目的风格，使人爱不忍释。扉页请天行山鬼题字，字体近似唐人写经，古朴可喜。序言请郑振铎用秀丽的行书抄写，流畅，使人在阅读序言时同时欣赏书法的；目次也由天行山鬼书写，笺谱的绘者及刻版者这一项的设计，也是别开生面的，凡是找不到刻版者的姓名的地方，用一条与刻版者姓名等长等宽的长方黑块代之，这是动过脑筋的好设计；笺谱的幅式有大小，所放的位置也经过严密的考虑，都编排于最恰当的位置，这是必须对古典版式有一定的素养才能作出如此优秀的设计。通过这部书的设计，可以证明鲁迅对书籍装帧的精通了。

后来鲁迅又把这种古典书籍仅用文字作为素材的封面设计，运用到他的著作《呐喊》的书面上来。就是把古典书籍的直长方形的书名签条改变为横长方形的一个书名色块，签条的粗丝框改变为细线框围在色块的四周，书名用手写美术字，横列在色块的正中偏上半部，下列作者姓名，都成阴文，印在深红色的封面纸上，用黑色，位置居中而略偏上。这种由古典仅用文字的签条式封面设计改变为他自己的设计，非常巧妙，这种设计，后来就有人仿效。使用文字为素材的封面设计，鲁迅的其他著作如《二心集》、《南腔北调集》、《伪自由书》……等等，不下近十种，都是由他手写书名及作者姓名，极其淳朴地用一行黑字印在洁白的封面上，看去非

人民文学出版社稿纸（21×25=600）

设计了《北平笺谱》的封面和扉页、序言、目次等，这本书用幽静的暗蓝色宣纸作书面，书名用签条形式，请沈兼士题字，用白色宣纸加框，黑字朱印，粘贴在书面的右边偏上角，用粗丝线装订，一派清丽悦目的风格，使人爱不忍释。

《北平笺谱》/郑西谛 鲁迅 编印/
鲁迅 设计

《南腔北调集》/鲁迅 著/
上海同文书局/鲁迅 设计

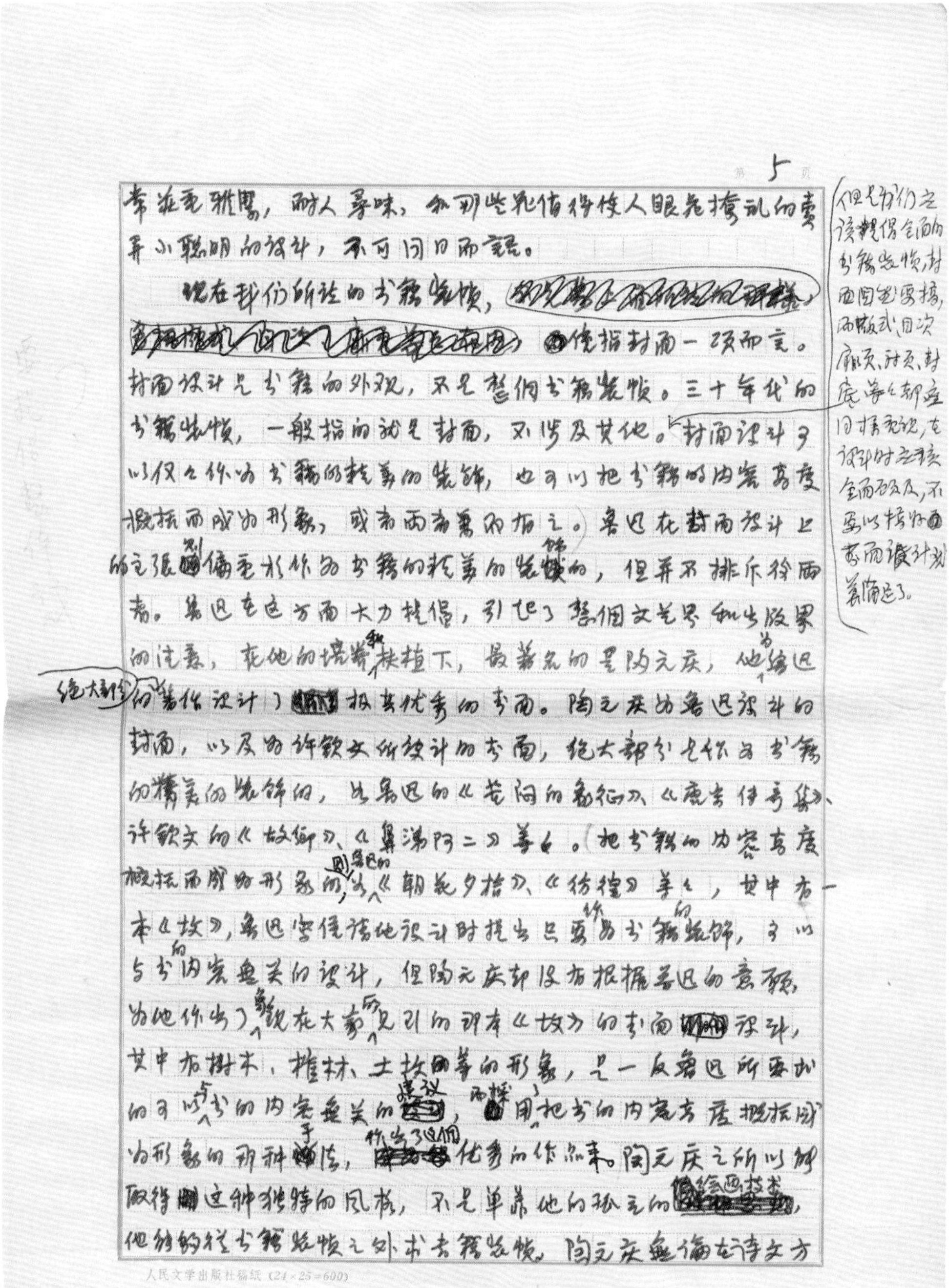
第 5 页

常流于雅驯，耐人寻味，和那些凭借奇怪使人眼花撩乱的费弄小聪明的设计，不可同日而语。

现在我们所说的书籍装帧，统指封面一项而言。封面设计是书籍的外观，不是整个书籍装帧。三十年代的书籍装帧，一般指的就是封面，不涉及其他。（但是我们应该提倡全面的书籍装帧，封面固然要搞，而版式、目次、扉页、衬页、封底等等都应同样重视，在设计时应该全面顾及，不要以搞好封面设计就算满足了。）封面设计可以仅仅作为书籍的精美的装饰，也可以把书籍的内容高度概括而成为形象，或者两者兼而有之。鲁迅在封面设计上的主张，则偏重于作为书籍的精美的装饰的，但并不排斥后面者。鲁迅在这方面大力提倡，引起了整个文艺界和出版界的注意，在他的培养和扶植下，最著名的是陶元庆，他为鲁迅的著作设计了绝大部分极其优秀的封面。陶元庆为鲁迅设计的封面，以及为许钦文所设计的封面，绝大部分是作为书籍的精美的装饰的，如鲁迅的《苦闷的象征》、《唐宋传奇集》、许钦文的《故乡》、《鼻涕阿二》等等。把书籍的内容高度概括成为形象的，则有鲁迅的《朝花夕拾》、《彷徨》等等，其中有一本《坟》，鲁迅曾经请他设计时提出只要作为书的装饰，可以与书的内容无关的设计，但陶元庆却没有根据鲁迅的意愿，为他作出了像现在大家所见到的那本《坟》的封面设计，其中有树木、棺材、土坟等的形象，是一反鲁迅所要求的可以与书的内容无关的建议，而采用了把书的内容高度概括成为形象的那种手法，作出了这个优秀的作品来。陶元庆之所以能取得这种独特的风格，不是单靠他的绘画技术，他能够从书籍装帧之外求书籍装帧。陶元庆无论在译文方

人民文学出版社稿纸（24×25=600）

现在我们所说的书籍装帧，统指封面一项而言。封面设计是书籍的外观，不是整个书籍装帧。三十年代的书籍装帧，一般指的就是封面，不涉及其他。但是我们应该提倡全面的书籍装帧，封面固然要搞，而版式、目次、扉页、衬页、封底等等都应同样重视，在设计时应该全面顾及，不要以搞好封面设计就算满足了。封面设计可以仅仅作为书籍的精美的装饰，也可以把书籍的内容高度概括而成为形象，或者两者兼而有之。

《坟》／鲁迅 著／陶元庆 设计

《彷徨》／鲁迅 著／北京北新书局／陶元庆 设计

陶元庆／1893—1929

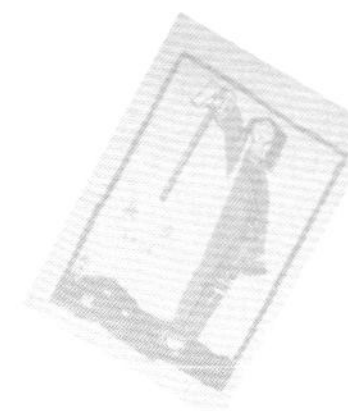

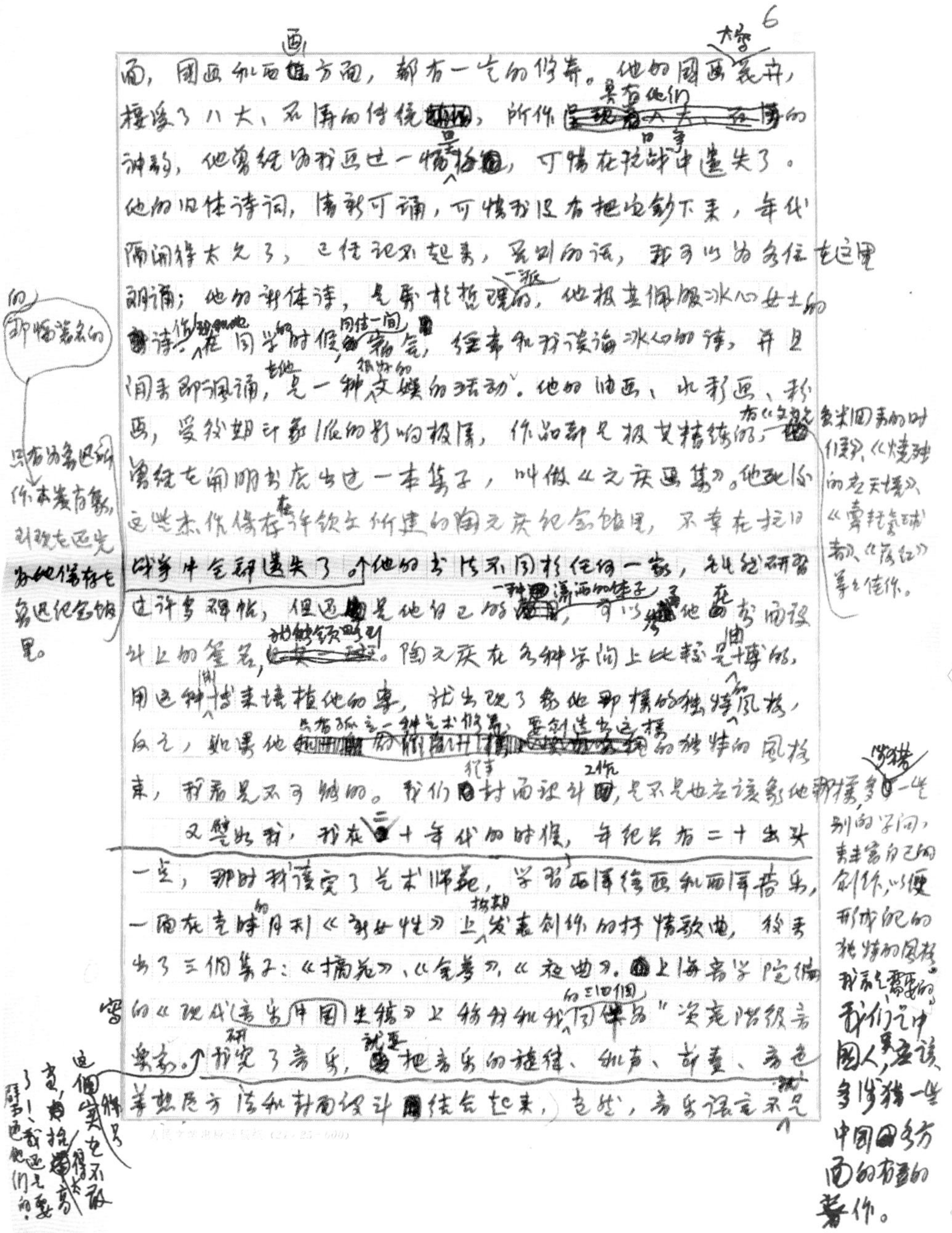

陶元庆在各种学问上比较是渊博的，用这种渊博来培植他的专，就出现了象（像）他那样的独特的风格，反之，如果他只有孤立的一种艺术修养，要创造出这样的独特的风格来，我看是不可能的。我们从事封面设计工作，是不是也应该象（像）他那样，多涉猎一些别的学问，来丰富自己的创作，以便形成自己的独特的风格。我看是需要的。我们是中国人，更应该多涉猎一些中国各方面的有益的著作。

我研究了音乐，就要把音乐的旋律、和声、节奏、音色等想些方法和封面设计结合起来，当然，音乐语言不就是绘画语言，也不就是封面设计语言，因为它们有一个共性，可以相互影响，相互运用（绘画语言，也不就是封面设计语言，因为它们有一个共性，可以相互影响，相互运用。——此段文字见下页手稿）

《故乡》／鲁迅 著／陶元庆 设计

《朝花夕拾》／鲁迅 著／陶元庆 设计

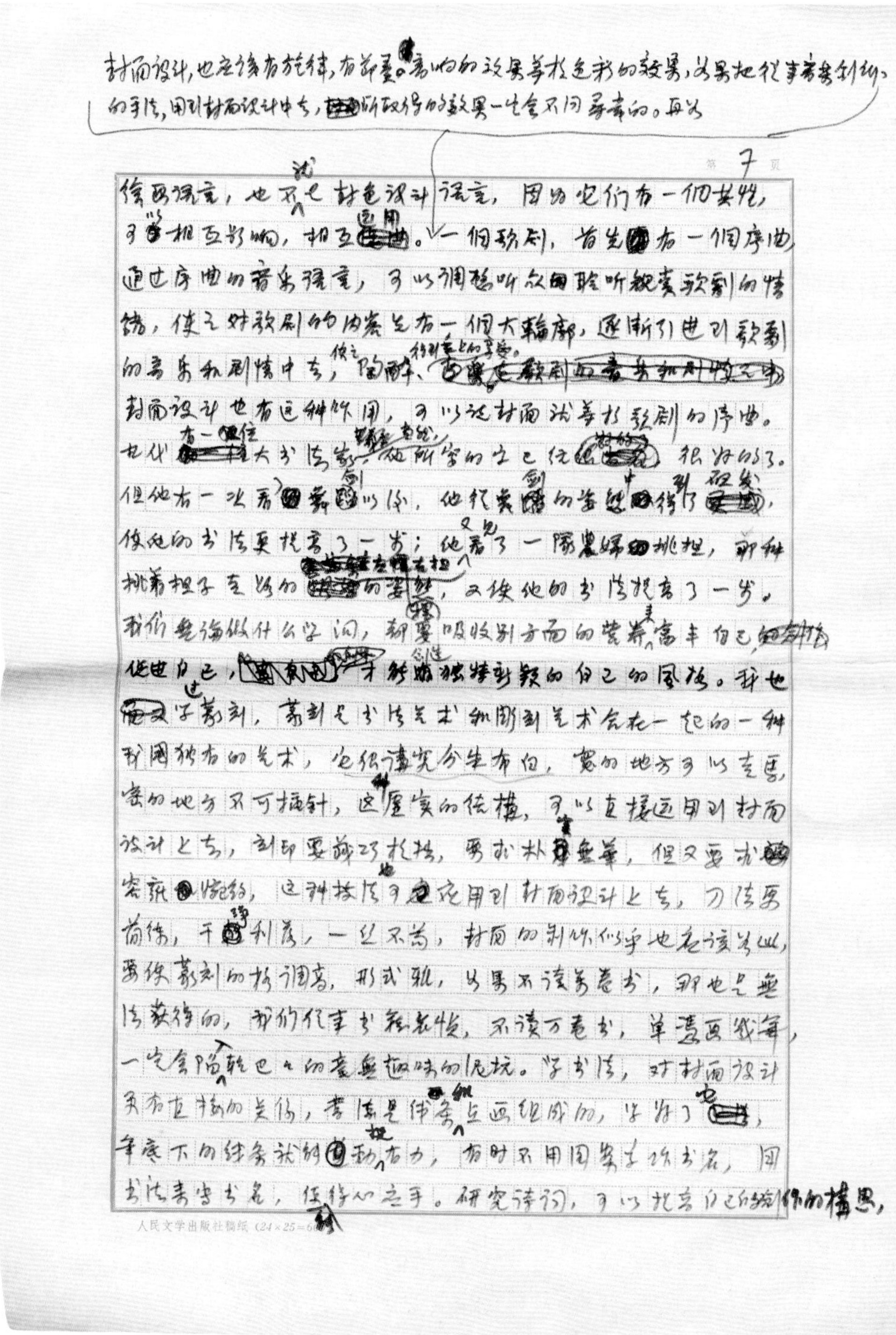

封面设计，也应该有旋律，有节奏。音响的效果等于色彩的效果，如果把从事音乐创作的手法，用到封面设计中去，所取得的效果一定会不同寻常的。再如

第 7 页

绘画语言，也可以说就是封面设计语言，因为它们有一个共性，可以相互影响，相互运用。一个歌剧，首先有一个序曲，通过序曲的音乐语言，可以调动听众聆听欣赏歌剧的情绪，使之对歌剧的内容先有一个大轮廓，逐渐引进到歌剧的音乐和剧情中去，使之陶醉。封面设计也有这种作用，可以说封面就等于歌剧的序曲。古代有一位大书法家，他所写的字已经很好的了。但他有一次看到……他得到……使他的书法更提高了一步；他看了一个农妇挑担，那种挑着担子走路的姿态，又使他的书法提高了一步。我们无论做什么学问，都要吸收别方面的营养来丰富自己，创造出独特到家的自己的风格。我也学过篆刻，篆刻是书法艺术和雕刻艺术合在一起的一种我国独有的艺术，它很讲究分朱布白，宽的地方可以走马，密的地方不可插针，这种厚实的结构，可以直接运用到封面设计上去，刻印要讲刀技，要求朴实无华，但又要求含蓄隐秀，这种技法可以运用到封面设计上去，刀法要简练，干净利落，一丝不苟，封面的制作似乎也应该这样，要像篆刻的格调高，形式美，如果不读万卷书，那也是要……的，我们从事书籍装帧，不读万卷书，单凭画几笔，一定会陷入干巴巴的毫无趣味的泥坑。学书法，对封面设计更有直接的关系，书法是线条和点画组成的，学好了它，笔底下的线条就能劲挺有力，有时不用图案字作书名，用书法来写书名，就能得心应手。研究诗词，可以提高自己的构思，

人民文学出版社稿纸（24×25=600）

封面设计，也应该有旋律，有节奏。音响的效果等于色彩的效果，如果把从事音乐创作的手法，用到封面设计中去，所取得的效果一定会不同寻常的。

我也学过篆刻，篆刻是书法艺术和雕刻艺术合在一起的一种我国独有的艺术，它很讲究分朱布白，宽的地方可以走马，密的地方不可插针，这种厚实的结构，可以直接运用到封面设计上去……

我们从事书籍装帧，不读万卷书，单凭画几笔，一定会陷入干巴巴的毫无趣味的泥坑。学书法，对封面设计更有直接的关系，书法是线条和点画组成的，学好了它，笔底下的线条就能劲挺有力，有时不用图案字作书名，用书法来写书名，就能得心应手。

制印中的钱君匋先生

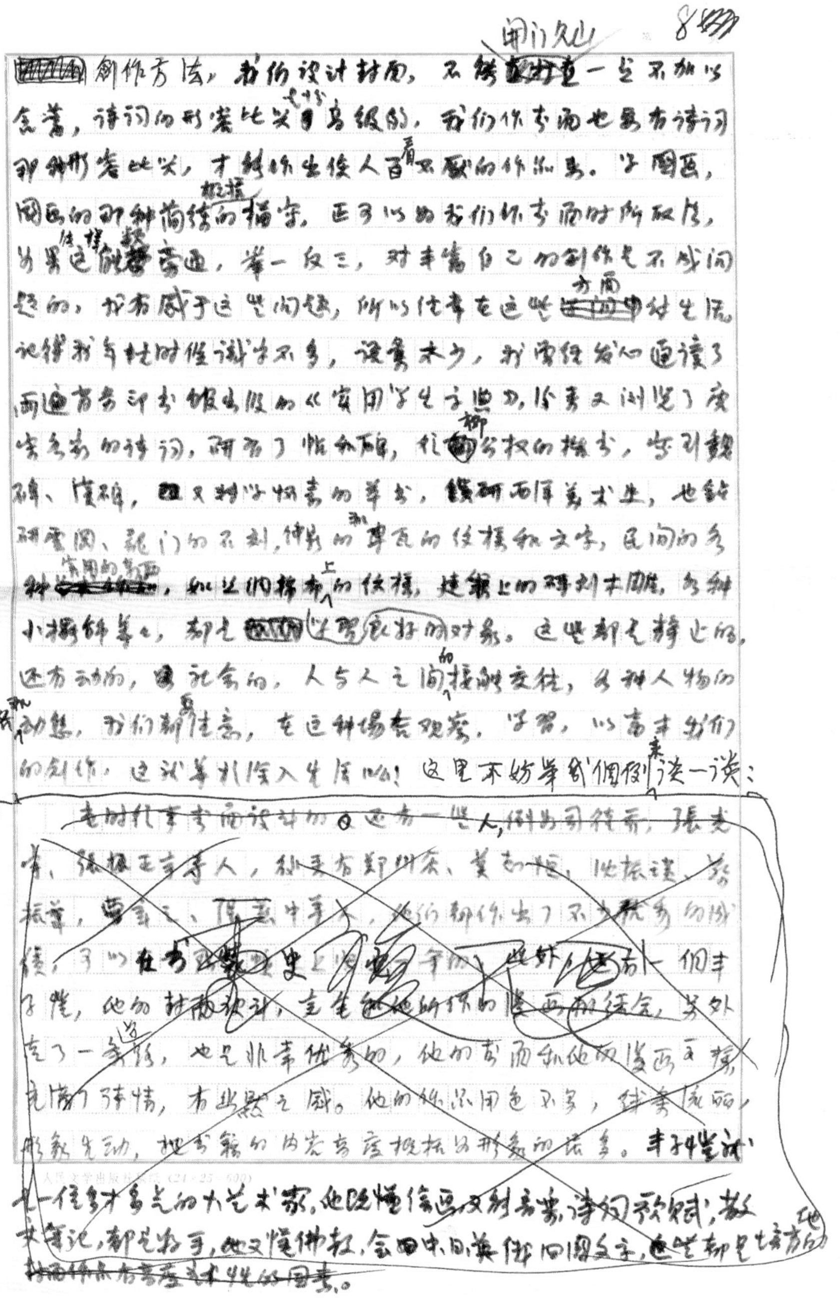
创作方法，我们设计封面，不能开门见山一点不加以含蓄，诗词的形容比兴是十分高级的，我们作书面也要有诗词那种形容比兴，才能作出使人百看不厌的作品来。……

我们设计封面，不能开门见山一点不加以含蓄，诗词的形容比兴是十分高级的，我们作书面也要有诗词那种形容比兴，才能作出使人百看不厌的作品来。

我曾经发心通读了两遍商务印书馆出版的《实用学生字典》，后来又浏览了唐宋名家的诗词，研习了帖和碑，从柳公权的楷书，写到魏碑、汉碑，又转学怀素的草书，钻研西洋美术史，也钻研云冈、龙门的石刻，蚀影的和砖瓦的纹样和文字，民间的各种实用的东西，如丝绸棉布上的纹样、建筑上的砖刻木雕、各种小摆饰等等，都是良好的学习对象，这些都是静止的，还有动的，社会的，人与人之间的接触交往、各种人物的性格和动态，我们都要注意，在这种场合观察、学习，以富丰（丰富）我们的创作。

钱君匋 / 1907—1998

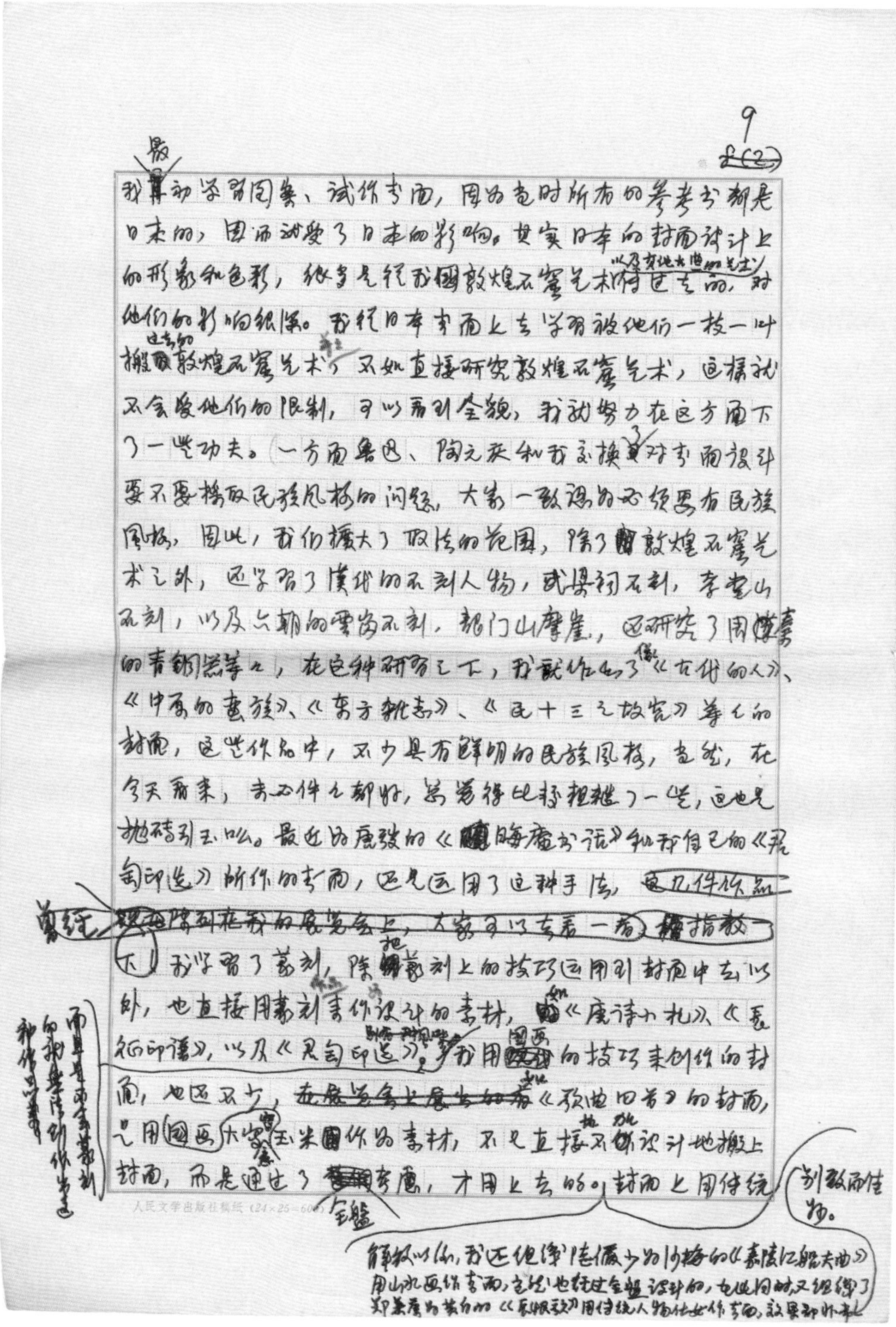

我最初学习图案、试作书面，因为当时所有的参考书都是日本的，因而就受了日本的影响。其实日本的封面设计上的形象和色彩，很多是从我国敦煌石窟艺术以及其他古代的艺术……对他们的影响很深。我从日本书面上去学习被他们一枝一叶搬过去的敦煌石窟艺术，不如直接研究敦煌石窟艺术，这样就不会受他们的限制，可以看到全貌，我就努力在这方面下了一些功夫。一方面鲁迅、陶元庆和我交换了对书面设计要不要采取民族风格的问题，大家一致认为必须要有民族风格，因此，我们扩大了取法的范围，除了敦煌石窟艺术之外，还学习了汉代的石刻人物，武梁祠石刻，孝堂山石刻，以及六朝的云岗石刻，龙门山摩崖，还研究了周秦的青铜器等等，在这种研究之下，我试作了《古代的人》、《中国的过程》、《东方杂志》、《民十三之故宫》等等的封面，这些作品中，不少具有鲜明的民族风格，当然，在今天看来，并不件件都好，显得粗糙了一些，这也是抛砖引玉吧。最近出版的《……》和我自己的《君匋印选》所作的书面，也是运用了这种手法……

人民文学出版社稿纸（24×25=600）

一方面鲁迅、陶元庆和我交换了对书面设计要不要采取民族风格的问题，大家一致认为必须要有民族风格，因此，我们扩大了取法的范围，除了敦煌石窟艺术之外，还学习了汉代的石刻人物，武梁祠石刻，孝堂山石刻，以及六朝的云岗（冈）石刻，龙门山摩崖，还研究了周秦的青铜器等等。

钱君匋著作
《钱君匋装帧艺术》
《钱君匋》
《君匋篆刻》

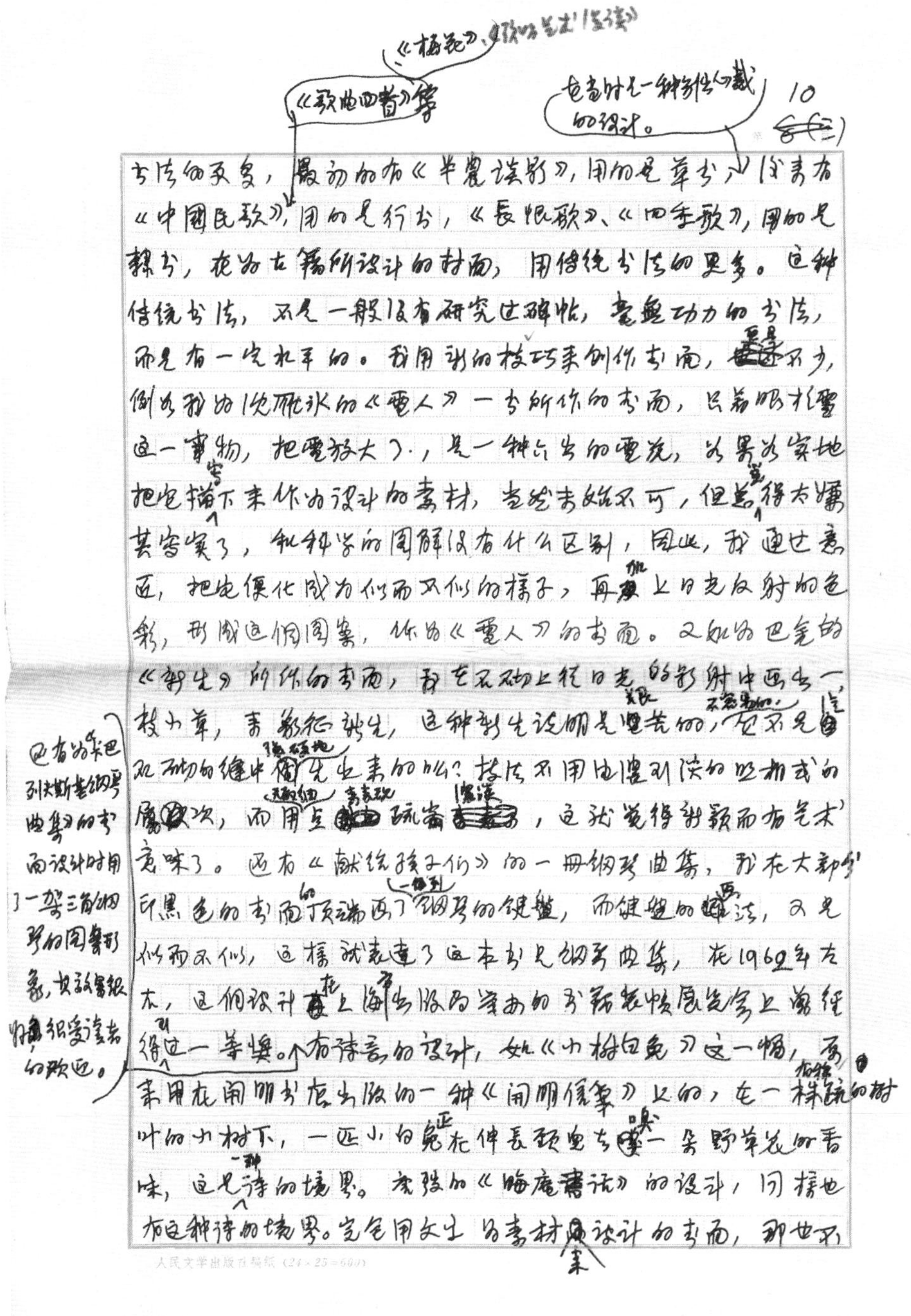

10

书法的更多，最初的有《半農谈影》，用的是草书，后来有《中国民歌》、《歌曲四首》等，用的是行书，《長恨歌》、《四季歌》，用的是隶书，在为古籍所设计的封面，用传统书法的更多。这种传统书法，不是一般没有研究过碑帖，毫无功力的书法，而是有一定水平的。我用新的技巧来创作书面，要是不少，例如我为谢冰心的《雪人》一书所作的书面，只着眼于雪这一事物，把雪放大了，是一种六出的雪花，如果如实地把它描写下来作为设计的素材，当然未始不可，但总觉得太嫌其写实了，和科学的图解没有什么区别，因此，我通过意匠，把它便化成为似而不似的样子，再加上日光反射的色彩，形成这個图案，作为《雪人》的书面。又如为巴金的《新生》所作的书面，我在石砌上從日光的影射中画出一枝小草，表示新生，这种新生说明是艰苦的，不容易的，它不是自然而然地从石砌的缝中倔强地生长出来的么？技法不用向壁虚造的形式的层次，而用点线块面，这就觉得新颖而有艺术意味了。还有《献给孩子们》的一册钢琴曲集，我在大部分印黑色的书面顶端画了一排列钢琴的键盘，而键盘的画法，又是似而不似，这样就表达了这本书是钢琴曲集，在1962年左右，这個设计在上海市出版局举办的书籍装帧展览会上曾经得到过一等奖。还有为朱巴列夫斯基《钢琴曲集》的书面设计时用了一架三角钢琴的图案形象，也获得很好的评价，很受读者的欢迎。有诗意的设计，如《小树白兔》这一幅，原来用在开明书店出版的一种《开明信笺》上的，在一株疏疏的枝叶的小树下，一匹小白兔正在伸長颈項去嗅一朵野草花的香味，这是一种诗的境界。索弢的《晦庵書话》的设计，同样也有这种诗的境界。完全用文字为素材来设计的书面，那也不

《欧洲大战与文学》／钱君匋 设计

《曲艺论集》／钱君匋 设计

《林啸》／钱君匋 设计

《结婚的幸福》／钱君匋 设计

《唐诗小札》／钱君匋 设计

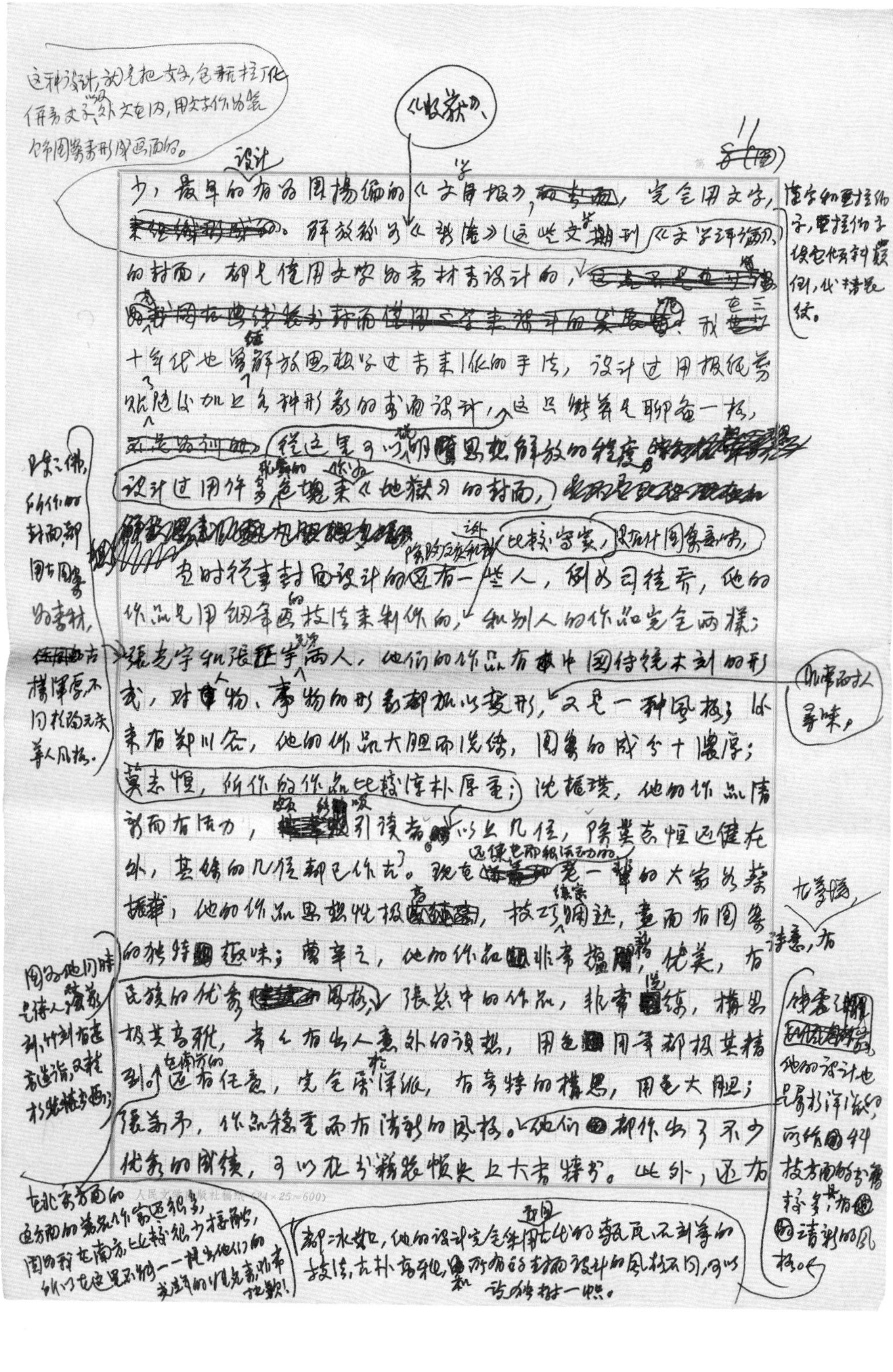

我在三十年代也曾经解放思想学过未来派的手法，设计过用报纸剪贴了随后加上各种形象的书面设计，设计过用许多飞舞的色块来作为《地狱》的封面，这只能算是聊备一格，从这里可以说明思想解放的程度。当时从事封面设计的除陶元庆和我之外还有一些人，例如司徒乔……张光宇和张征宇……郑川谷……莫志恒……沈振璜……以上几位，除莫志恒还健在外，其余的几位都已作古了。现在还健在而能活动的老一辈的大家如蔡振华，他的作品思想性极高，技巧缜密娴熟，画面有图案的独特趣味；曹辛之，他的作品非常蕴藉，优美，有诗意、有梦境、有民族的优秀风格，因为他同时是诗人，对篆刻、竹刻有甚高造诣，又精于装裱书画；张慈中的作品，非常洗练，构思极其高雅，常常有出人意外的设想，用色用笔都极其精到……在南方的还有任意，完全属于洋派，有奇特的构思，用色大胆；张苏予，作品稳重而有清新的风格……他们都作出了不少优秀的成绩，可以在书籍装帧史上大书特书。

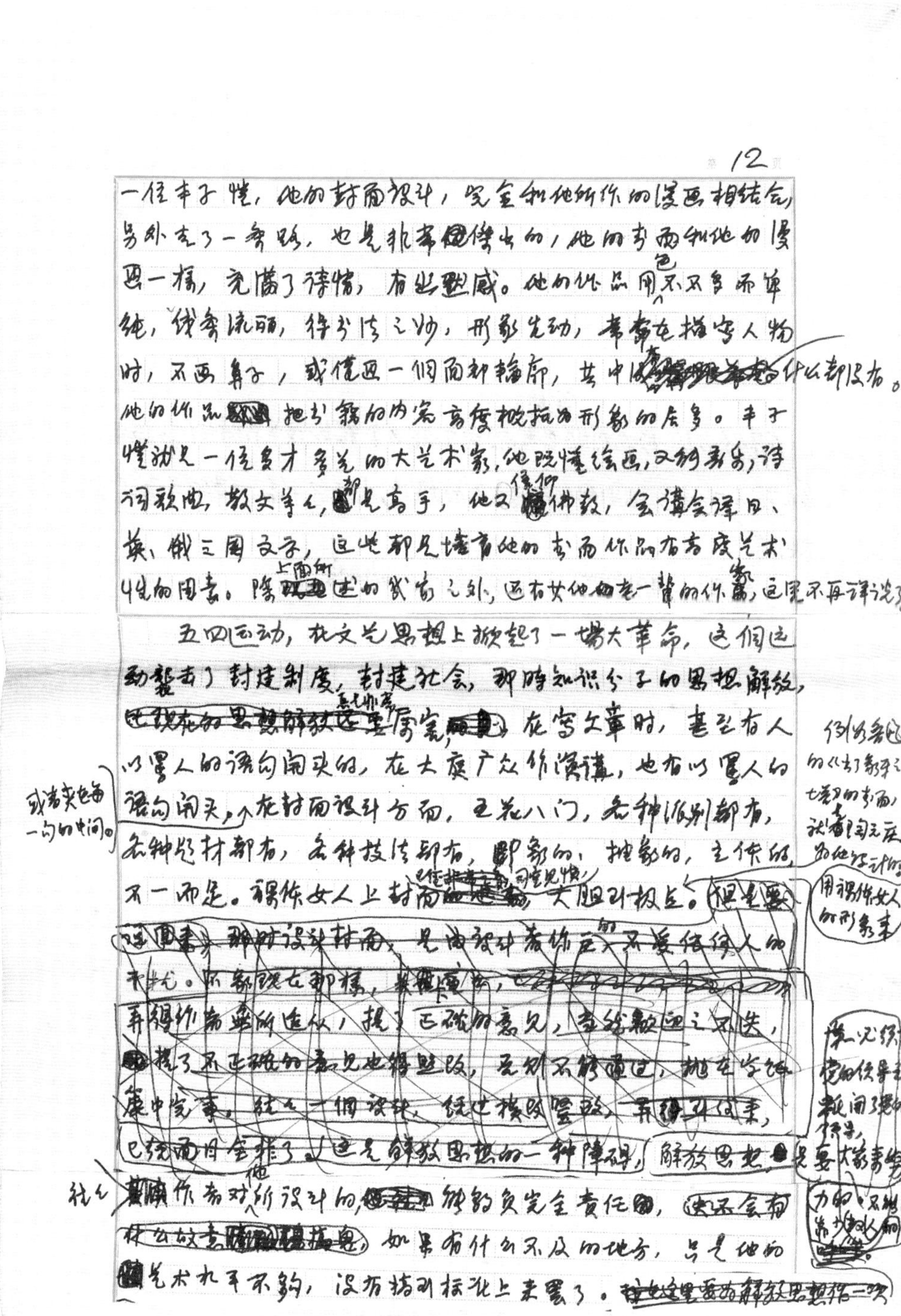
第12页

一位丰子恺，他的封面设计，完全和他所作的漫画相结合，另外走了一条路，也是非常杰出的，他的书面和他的漫画一样，充满了诗情，有幽默感。他的作品用色不多而单纯，线条流畅，得书法之妙，形象生动，常常在描写人物时，不画鼻子，或仅画一个面部轮廓，其中什么都没有。他的作品把书籍的内容高度概括为形象的东西。丰子恺就是一位多才多艺的大艺术家，他既懂绘画，又懂音乐，诗词歌曲，散文等等，都是高手，他又信仰佛教，会讲会译日、英、俄三国文字，这些都是培育他的书面作品有高度艺术性的因素。除上面所述的几位之外，还有其他的一些人的作品，这里不再详说了。

五四运动，在文艺思想上掀起了一场大革命，这个运动袭击了封建制度，封建社会，那时知识分子的思想解放……在封面设计方面，五花八门，各种派别都有，各种题材都有，各种技法都有，印象的，抽象的，立体的，不一而足。裸体女人上封面已经司空见惯，大胆到极点。……

……如果有什么不及的地方，只是他的艺术水平不够，没有搞到标准上来罢了。

丰子恺，他的封面设计，完全和他所作的漫画相结合，另外走了一条路，也是非常杰出的，他的书面和他的漫画一样，充满了诗情，有幽默感。

五四运动，在文艺思想上掀起了一场大革命，这个运动袭击了封建制度、封建社会，那时知识分子的思想解放……

在封面设计方面，五花八门，各种派别都有，各种题材都有，各种技法都有，印象的、抽象的、立体的，不一而足。裸体女人上封面已经司空见惯，大胆到极点。

丰子恺／1898—1975
林风眠／1900—1991
曹辛之／1917—1995
张慈中／1924—

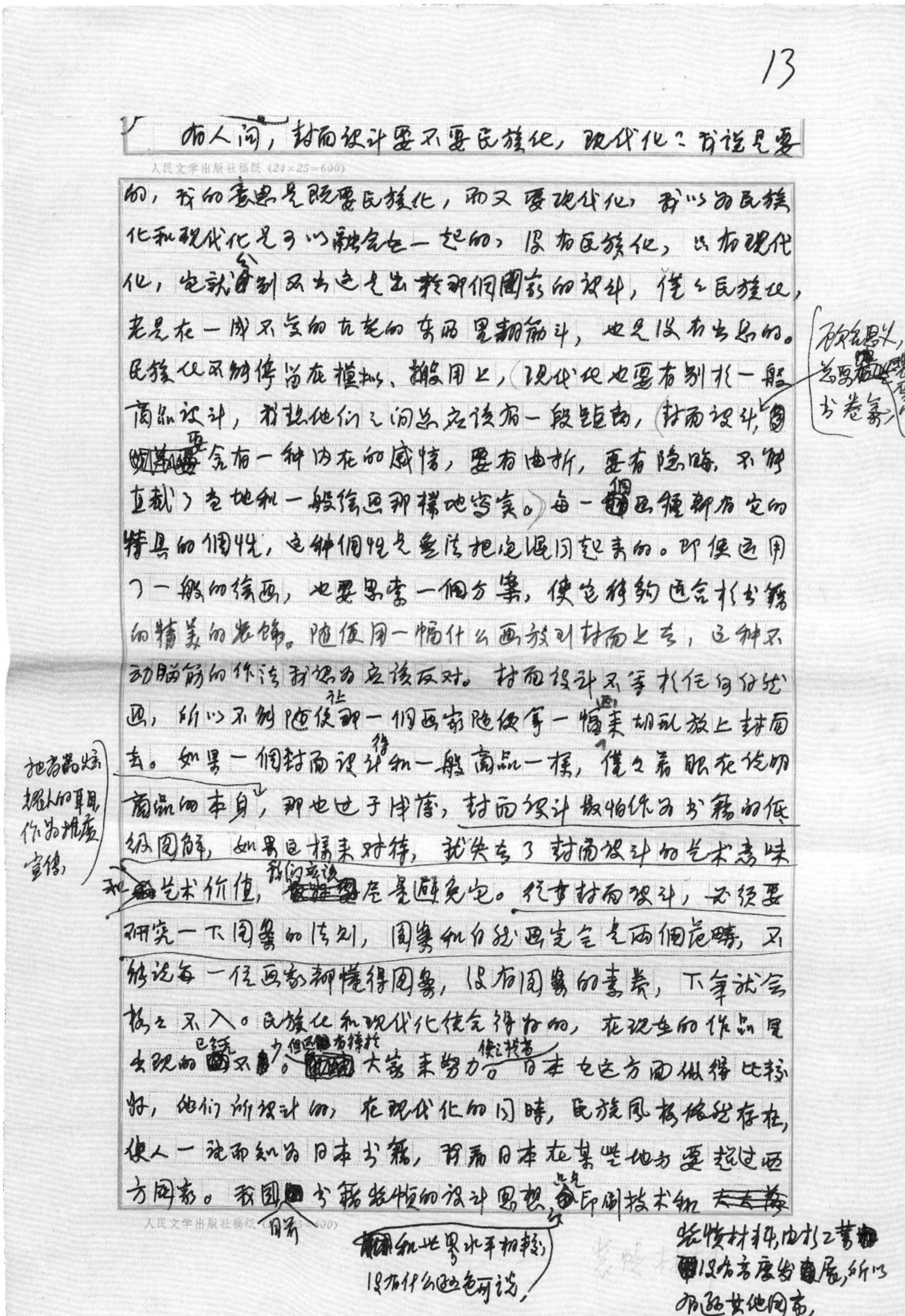
13

有人问，封面设计要不要民族化，现代化？我说是要的，我的意思是既要民族化，而又要现代化，我以为民族化和现代化是可以融合在一起的，没有民族化，只有现代化，它就分别不出这是出于那个国家的设计，仅仅民族化，老是在一成不变的古老的东西里翻筋斗，也是没有出息的。民族化不能停留在模拟、搬用上，现代化也要有别于一般商品设计，我想他们之间总应该有一段距离，（封面设计，顾名思义，总要有浓厚的书卷气，要含有一种内在的感情，要有曲折，要有隐晦，不能直截了当地和一般绘画那样地写实）。每一个画种都有它的特具的个性，这种个性是无法把它混同起来的。即使运用了一般的绘画，也要另考虑一个方案，使它能够适合于书籍的精美的装饰。随便用一幅什么画放到封面上去，这种不动脑筋的作法我认为应该反对。封面设计不等于任何绘画，所以不能随便那一个画家随便拿一幅来胡乱放上封面去。如果一个封面设计和一般商品一样，仅仅着眼在说明商品的本身，那也过于浮浅，封面设计最怕作为书籍的低级图解，如果这样来对待，就失去了封面设计的艺术意味和艺术价值，我们应该尽量避免它。从事封面设计，必须要研究一下图案的法则，图案和自然画完全是两个范畴，不能说每一位画家都懂得图案，没有图案的素养，下笔就会格格不入。民族化和现代化使之结合的，在现在的作品里已经出现的[illegible]。大家来努力。日本在这方面做得比较好，他们所设计的，在现代化的同时，民族风格依然存在，使人一望而知为日本书籍，甚至日本在某些地方要超过西方国家。我国目前书籍装帧的设计思想、印刷技术和世界水平相较，没有什么可说，装帧材料也由于工业还没有高度发展，所以还落后于其他国家，[illegible]

人民文学出版社稿纸（24×25=600）

有人问，封面设计要不要民族化、现代化？我说是要的，我的意思是既要民族化，而又要现代化，我以为民族化和现代化是可以融合在一起的。没有民族化，只有现代化，它就分别不出这是出于那（哪）个国家的设计，仅仅民族化，老是在一成不变的古老的东西里翻筋斗，也是没有出息的。民族化不能停留在模拟、搬用上，现代化也要有别于一般商品设计，我想他（它）们之间总应该有一段距离，（封面设计，顾名思义，总要有浓厚的书卷气，要含有一种内在的感情，要有曲折，要有隐晦，不能直截了当地和一般绘画那样地写实）。

封面设计最怕作为书籍的低级图解，如果这样来对待，就失去了封面设计的艺术意味和艺术价值，我们应该尽量避免它。从事封面设计，必须要研究一下图案的法则，图案和自然画完全是两个范畴，不能说每一位画家都懂得图案，没有图案的素养，下笔就会格格不入。

《海的渴慕者》／丰子恺 设计

莫志恒／1907—

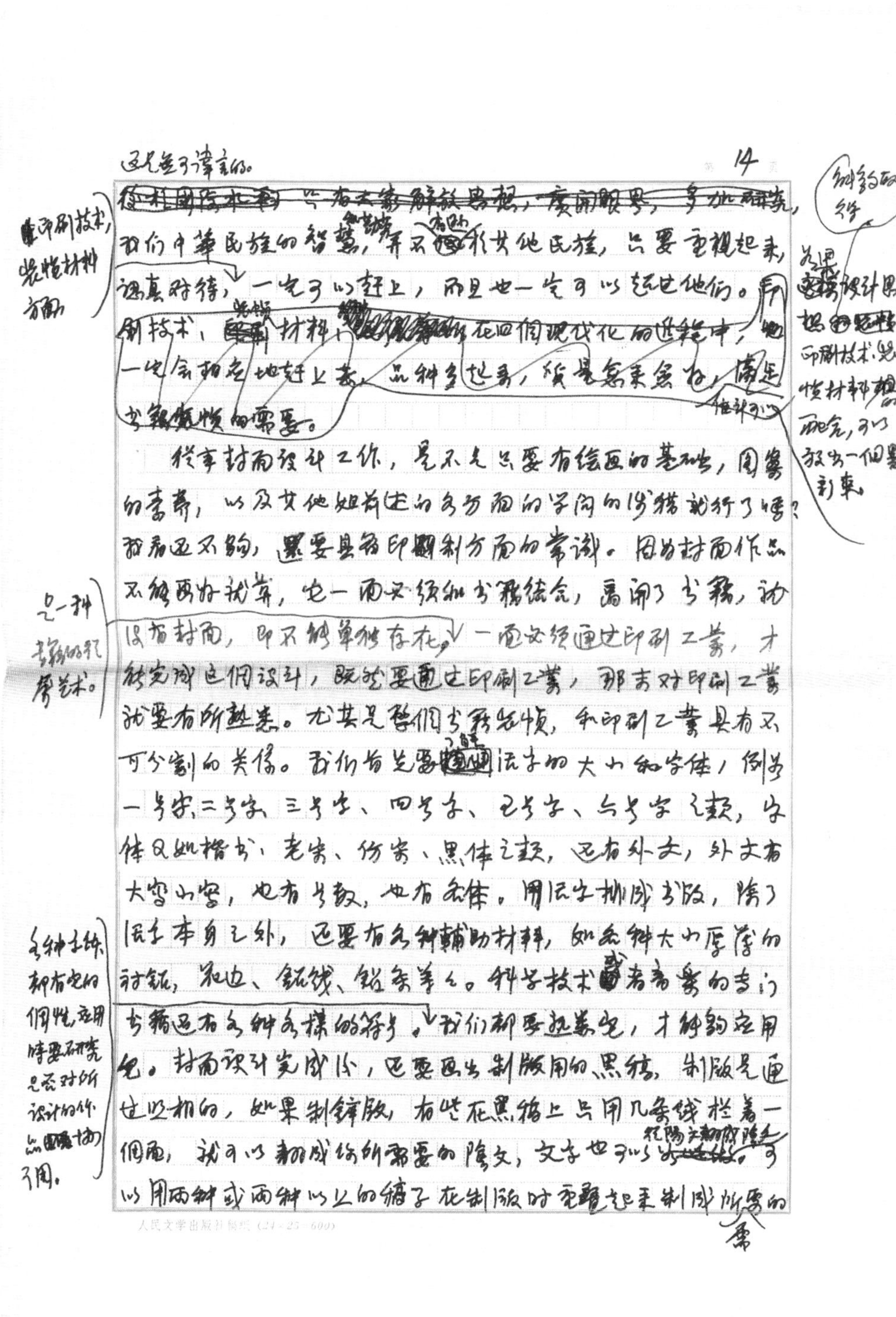

从事封面设计工作，是不是只要有绘画的基础，图案的素养，以及其他如前述的各方面的学问的涉猎就行了呣(呢)？我看还不够，还要具备印制方面的常识。因为封面作品不能画好就算，它一面必须和书籍结合，离开了书籍，就没有封面，即不能单独存在，是一种书籍的附属艺术。

我们首先要了解活字的大小和字体……

除了活字本身之外，还要有各种辅助材料，如各种大小厚薄的衬铅、花边、铅线、铅条等等。科学技术或者音乐的专门书籍还有各种各样的符号。各种字体都有它的个性，应用时要研究是否对所设计的作品协调。

《君山》/林风眠 设计

《九页集》/曹辛之 设计

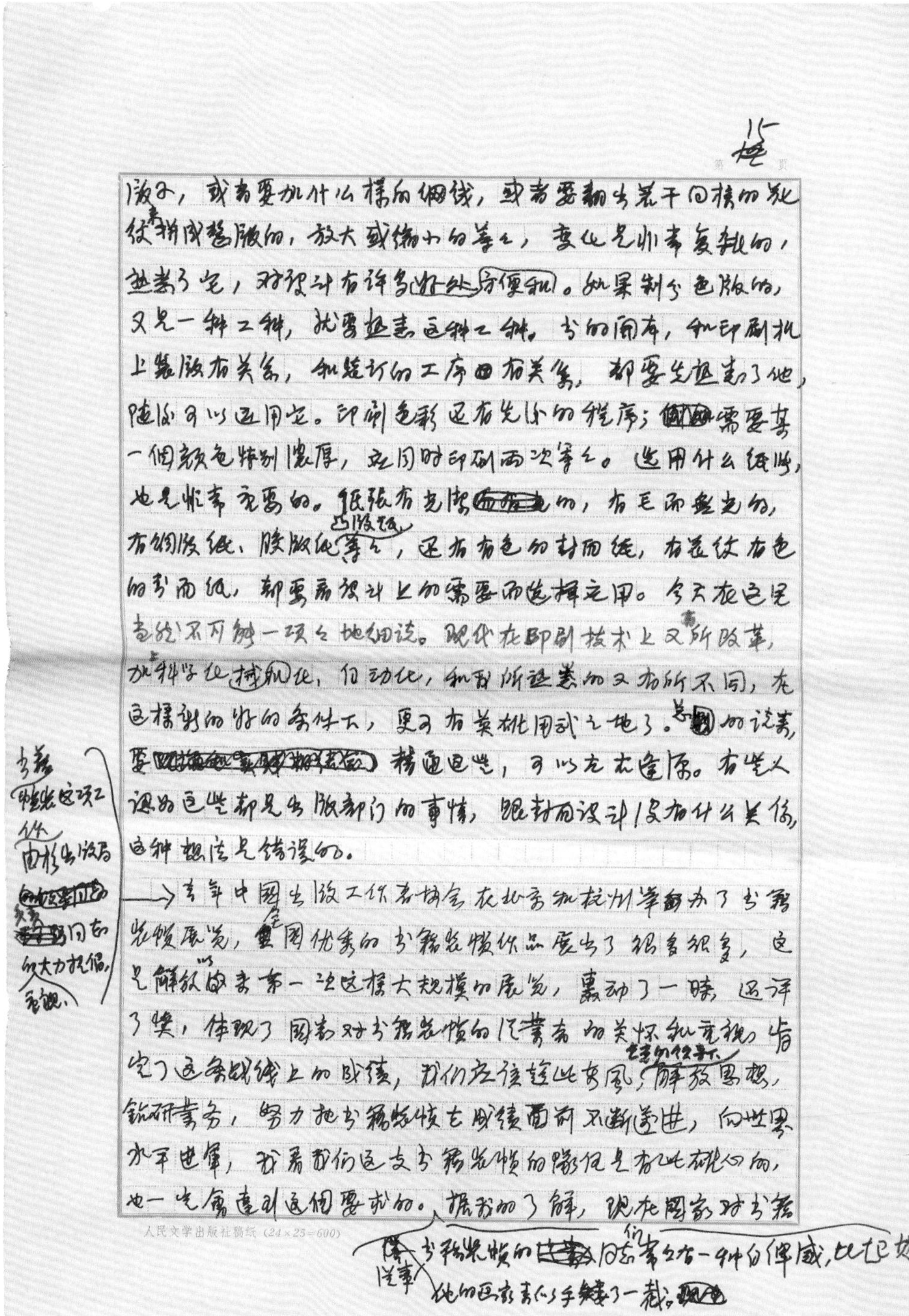
15
版子，或者要加什么样的细线，或者要翻出若干网格的花纹，拼成整版的，放大或缩小的等等，变化是非常复杂的，熟悉了它，对设计有许多方便和。如果制分色版的，又是一种工种，就要熟悉这种工种。书的开本，和印刷机上装版有关系，和装订的工序有关系，都要先熟悉了他，随后可以运用它。印刷色彩还有先后的程序；需要某一个颜色特别浓厚，应同时印刷两次等等。选用什么纸张，也是非常重要的。纸张有光的，有毛面无光的，有铜版纸、胶版纸、凸版纸等等，还有有色的封面纸，有花纹有色的书面纸，都要看设计上的需要而选择应用。今天在这里当然不可能一项项地细说。现代在印刷技术上又有所改革，加上科学化、机械化、自动化，和我所熟悉的又有所不同，在这样新的好的条件下，更可有英雄用武之地了。总的说来，要精通这些，可以左右逢源。有些人认为这些都是出版部门的事情，跟封面设计没有什么关系，这种想法是错误的。

去年中国出版工作者协会在北京和杭州举办了书籍装帧展览，全国优秀的书籍装帧作品展出了很多很多，这是解放以来第一次这样大规模的展览，轰动了一时，还评了奖，体现了国家对书籍装帧的设计者的关怀和重视，肯定了这条战线上的成绩，我们应该发扬这些良风，解放思想，钻研业务，努力把书籍装帧已有成绩更前不断进步，向世界水平进军，我希望我们这支书籍装帧的队伍是有光荣的，也一定会达到这个要求的。据我的了解，现在国家对书籍装帧的……

人民文学出版社稿纸（24×25=600）

书的开本，和印刷机上装版有关系，和装订的工序有关系，都要先熟悉了他（它），随后可以运用它。印刷色彩还有先后的程序，需要某一个颜色特别浓厚，应同时印刷两次等等。选用什么纸张，也是非常重要的。

现代在印刷技术上又有所改革，加上科学化、机械化、自动化，和我所熟悉的又有所不同，在这样新的好的条件下，更可有英雄用武之地了。总的说来，要精通这些，可以左右逢源。有些人认为这些都是出版部门的事情，跟封面设计没有什么关系，这种想法是错误的。

《戈壁》/叶灵风 设计
《马克思画传》/张慈中 设计
《烙印》/莫志恒 设计

可以除去这一截的句子成了。

16

装帧人员也经有了职称，这也是喜的事，有了职称以后，一定可以使大家心情舒畅，精神振奋。在上海的各个出版社，对书籍装帧人员也经实行了创作假、进修假一個月，有的甚至给了两個月，我的旧日的同事们，他们曾经用这种假期，到过庐山、厦门、黄山等地。我在三十年代搞这個行业，条件就没有这樣优越，那时是资本主义社会，在企业中必需努力工作，绝对不能半路开差，要作出使资本家满意的成绩来，否则就请你滚蛋，一生也谈不上什么福利，创作假，进修假，做梦也没有想到。这里就可以体现出社会主义的优越性。在这樣好的条件下从事书籍装帧工作，我看应该可以做好的了，应该安定下来坚守这個光荣的岗位，不要三心二意，一忽儿想当油画家，一忽儿又想当国画家，油画也好，国画也好，研究应该研究，把这些画好，可以应用到自己的书籍装帧的创作中去，不是更丰富了你的创作天地吗？……这可以争取改善的。……这個了。

同志们，我们大家一起来搞好书籍装帧的工作，作出优秀的成绩来为国家争光吧！作出优秀的成绩来在国际上来一個異军突起！努力吧，同志们！我的话完了。

人民文学出版社稿纸（21×25=600）

艺理论说

书是快活的玩具

——松田行正书籍设计和信息图表设计课程及展览

吕敬人

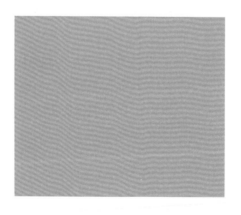

松田行正，一位日本特立独行的书籍设计界的奇才，拥有称之为“牛若丸”的一个人的出版社，自编、自导、自演，一年出一本书，坚持了20多年，独立出版了20多本书，名扬出版业。据说“牛若丸”是日本民间传说中的小神仙，好似中国的葫芦娃，调皮伶俐、扬善惩恶。松田先生期待自己做的每一本书都能显着灵光，给一些观念陈腐的出版者带来一股冲击力。

松田先生非艺术设计科班出身，大学就读法学，那时正值20世纪60年代中期，中国正在闹“文化大革命”，日本也受影响，各大学也搞停课造反，乱成一锅粥。不过毕竟经历了专业的法学教育，养成了独立思考、逻辑辨析的个性。因为喜欢艺术、酷爱音乐，不习惯死板工作的约束，经历编辑、书刊设计，最终成立了松田工作室和一个人的出版社。整日忙于书籍行业，却忙里偷闲，不时参加摇滚乐队的演出，他是一位优秀的电吉他手，尽管今年已66岁的年龄，仍乐此不疲。

童心未泯的他对各类知识都充满着好奇心，生性善学思辨，神探各个知识领域未知世界的内在关系，从宇宙存在到虚拟瞬间，都成为他的研究方向，并寻觅有趣的切入点，从宏观到微观、从物质到精神，知识在他的表述中生发出奇妙的诱惑力，让你去亲近，而我们的许多专家、大编辑做着生涩的大学问却无法接近人气。《1000亿分之一

敬人书籍研究班展厅一角

的太阳系》《眼的冒险》《圆与方》《肉体涂鸦之旅：81 个横截面》……独特的视角，阐述再平常不过，却又出其不意的知识，只是我们的大脑只作为平面的思维结构，缺乏将世界视为相互关联的时空思考，松田出版物让我们打开另一扇观察世界的窗口。他的不少书已向多国输出版权，《记号学》等多部作品在中国不断再版，赢得大量粉丝读者。

松田先生谈到他的书籍设计理念，"做放在书柜和桌面上都具有存在感和可对话的书"，值得我们做书人回味。在本次第三期敬人书籍设计研究班上，我有幸请到他来授课，他只比我小 1 岁，看上去起码年轻 10 岁。上课的开场白，他说："我要做令人愉悦的书、充满梦想的书、作为物化的书、一本温馨的书、不自觉想赠给朋友的书……"没有那种荡气回肠的豪言壮语，我们从这次研究班展厅桌面上放着的小小的、朴素的、并不昂贵的普通书中却能感受到其中的内力、活力和魅力所在。

除了将信息物化制成的书籍，这次研究班上还展示了一小部分他设计的信息图表作品。将平面信息结构化的信息图表设计已成为松田行正终生的事业之一。他的逻辑性、条理性、结构性的信息传达思维意识造就了符合当代书籍设计师的基本素质。

用《IDEA》杂志室贺先生的评述："松田就像一名运动员或艺术家那样把控着自由的空间，并不仅仅依赖于纯粹的数理化的计算，而是极富感染力和想象力地塑造了生动的视觉信息图表，或许这也可称为信息的绘画艺术吧。"

相信松田先生的展览和课程能给我们大家带来很多的乐趣和些许思考，尤其面对书籍出版市场激烈的竞争局面，如何把握内容选题，怎样构建文本叙述结构，了解视觉呈现的编辑设计语言和语法，对于我们的出版人、编辑、书籍设计者是否给出一个这样的试题，对未来的出版业不无影响。

松田行正

松田行正教学纪要

第三期敬人书籍设计研究班

前面的话

对于从事出版工作34年的松田行正先生来说，做书是他的理想，是他梦寐以求想做的事情。34年中，他当过编辑，也在人家的设计工作室做过，担当过接受客户、出版人、作者委托做书的设计师。但他并不满足，他要回到一个做书人自由的境界，于是他成立了一个人的出版社——牛若丸出版社。每年精心做一本书，从策划、撰写、编辑、设计到发行。松田先生提出做书的六个目标：要做就做令人愉悦的书、温馨的书、能够赠送给朋友的书、充满梦想的书、物化的书、奇妙得不可捉摸的书。这个过程并不是那样简单，它要涉猎的知识面很广，涉及历史、社会、艺术、文学、思想、自然科学、心理学等方方面面，视点相对要比较犀利，切入点要独辟蹊径，别无二致。看他的选题、叙述的语言和文本结构，让我们有一种意想不到的新鲜感和满足感。我们今天做书的思维范围似乎还达不到这样的宽度，或许我们的意识太循规蹈矩，编辑思路仍在照本宣科，有意无意地还在限定自我的超越，致使让读者满意的书匮乏。松田先生的做书理念可以给我们很多思考。

松田行正

1948 年出生于静冈
1970 年中央大学法学部毕业
1980 年成立松田工作室（Matsuda Office）

除大量的书籍设计外，也接手女性杂志和评论志等各领域的版面设计。
1985 年起主持以“图书是艺术品”为理念的小型出版公司——牛若丸出版社。他对书籍设计的理念为“在书柜或桌上都具有存在感和可对话的书籍设计”。

著作
《圆与方》《零 ZEЯRO：世界符号大全》《中速 MODERATO》《圆盘物语》《开始物语》《眼的冒险》《眼球谈 / 月球谈》《绝景万物图鉴》《lines：线的事件簿》《code：文本与图像》《和力》《设计者的颜色书》《设计者的颜色表》等。

获奖
《眼的冒险》荣获了第 37 届讲谈社图书设计出版文化奖
《即将灭绝的纸质图书》荣获第 45 届日本图书设计展览会教育部长奖
《肉体涂鸦之旅：81 个横截面》荣获第 46 届日本图书设计展览会东京市长奖

第一堂课

[作为物化的书] Book as objects of art

松田行正

[做书理念]

我做书已经 34 年了，今天很高兴以我的做书理念与大家分享。

我有 10 年完全是专注地、心无旁骛地为其他出版社做书。当我有余力可以考虑其他事情的时候，想到应该发出自己的信息。我在做书 10 年的时候想到成立自己的出版社，于是一个叫“牛若丸”的小出版社诞生了。牛若丸是传说中的一位日本神童，身体非常轻、非常灵活，我想应像他一样灵活地做书去展示自己的想法。我一年做一本书，现在已经做了 26 本。但是每次增印的时候，我都会改变颜色的设计形态，所以这 26 本书一共有 60 个种类。

我一开始做书的时候给自己设立了几个目标：

1. 令人愉悦快活的作为玩具的书
2. 温馨的书
3. 不自觉地想赠给朋友的书
4. 充满梦想的大人的书
5. 作为物化的书
6. 很奇妙的像月亮一样不可捉摸的书

其中我尤其注重这句话——做物化的书（To pursue the idea of books as objects art）。什么叫“物化”？在艺术用语中超现实主义有这个定义：有存在感的作为物化的充满魅力的物体。书籍本来是物化的，薄薄的纸折叠起来形成的立体物，有函套、封面再加上内容，书本就是物化的阅读载体。

另外还有像文字的组合，时间、空间的编排，重要的是手触的感觉。从这个角度来看，书籍设计师也是产品设计师。过去人们常说，手的触感与大脑的亲和性很强，翻读本身有不靠文本让人记忆的好处。现在的电子书也模仿书的翻读，实际上和书的这种记忆又有着不同的角度。用英语解释就是 object。所以我用“物化的书”来解释我的作品。

[书的未来]

作为物化的书，今后会向何处去？简单地展望一下，

2020—2050 年会发生什么。

先从好的方面看，依照摩尔定理：英特尔的创始人曾经有一个预测，他认为 IC 芯片会不断地微型化，微处理器的性能每 18 个月就会提高一倍，性能会不断地发展进化，IC 芯片越小就有越多的可能性。随着纳米技术的发展会出现无处不在的计算机环境。另外会出现 IC 芯片被植入人体内的状态。现在也有一些植入人体内的眼镜来替代器官，还有一些测心动的零件。芯片小就意味着计算机会越来越小，这就意味着物体性、物的存在本身会消失。比如眼前什么都没有，可以挂一个屏幕，用键盘就打出各种各样的影像。听说 2020 年 IC 芯片就可以变成原子水平，也就是可以印刷的，可以打印出来放在桌面上或墙上。你自己没有这个意识，你就已经完全在计算机包围的这个环境状态下了。比如，这些电子仪器在不断地检测你的健康状态，得病概率就会小。那个时候由于纳米技术的发展，可能在血管里植入 1 亿个纳米的零部件去检查你的身体状态，有预测，2050 年人均寿命是 150 岁。现在正在发明诱导多能干细胞，这些细胞的出现可以替代脏器，但是这并不一定都是好事吧。

而另一方面，由于计算机的发达，会出现产业重组。也就是不需要精英了。本来律师要阅读大量的审判资料，到那时就不需要了，用计算机去读，就不需要这么多律师了。

松田行正的牛若丸出版社出版的部分书籍

医生也是一样的，现在能进行远程的医疗和手术，那就不需要那么多医生，在你得重病之前已经治好了。还有一个大问题，所有的汽车全是自动驾驶，所以就没有塞车和事故，但未必都是好事，因为从事运输业的人就全都失业了，这样就会出现更严重的贫富差距两极分化。我们看到国际象棋赛事中计算机战胜人，这种功能专一的计算机发展了，人就不需要了。现在说未来向何处去还难以预测，人们已经开始议论 2045 年的问题。人的脑神经元有几十亿个在不断更替更新，产生人的意识。但是计算机并不是几十亿，而是几兆，在不断更替的过程中是不是也产生意识呢？一些未来学家说计算机发展的最高潮是 2045 年，所以我要好好地保持健康，要看看 2045 年会发生什么。现在人们认为做程序的人了不得，2045 年还需不需要他们了？计算机自己就把程序做好了吧！

那么纸质的书会向何处去?

刚才我们说了 IC 机器设备本身会变得无影无踪，你看不见它。电子书你并不是花钱买，实际上你是处于租借的状态。不管是买还是租借，过一段时间就看不到这个东西了。大家都知道“记忆的物证”，物体本身有一个人的记忆在里边。人是追求有形的东西，当下社会总体向着无形发展，那么我们提高物化性是不是会使得书的存在价值提高呢？现在因特网的信息是免费的，书是需要自己掏腰包

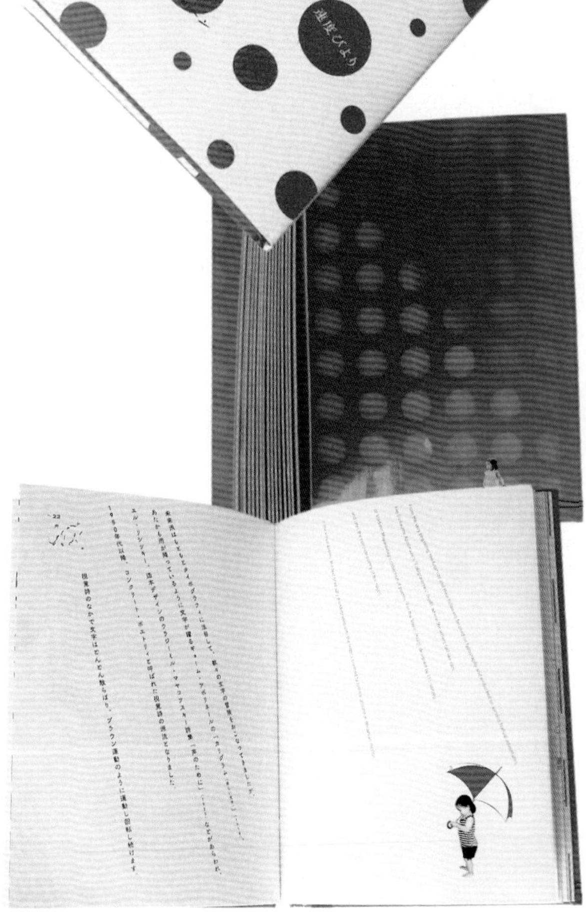

1

的。如果书不是自己去花钱买，它的存在意义就会丧失。正因为如此，书才有一种信息的品牌化和让人放心的东西在里面。现在在日本，书作为一种家居而存在。

维也纳的卢斯房屋是 19 世纪阿道夫·路斯（Adolf Loos）设计的一座建筑。这座建筑是全白色，市民觉得这座建筑太没有情趣了，群起而攻之，没办法只好把上面的窗户涂上颜色。这个建筑可以让我们想象书的未来。

包豪斯有一座建筑，本来的设计是全白色的，什么都没有，还是由于人们认为没有情趣，就在它的走廊里放上花瓶，这点很像书的装饰效果。

[物化的书的两个主题]

1. 作为玩具的书 / 能品玩的书

book as a toy design & gimmick 一词中，design 这个词包括很多意思：制作图案、设计、策划、画草图，负面的意思是谋划、别有用心、搞阴谋。综合起来看就是“有意识地改变”这样一个意思。那么我们对书赋予一个隐句进行设计，就是给它一个悬念、一个机关来进行设计。

2

以下用几个例子来和大家品玩物化的书。

《速度的历史》，我的女儿很小，但是很可爱，所以我做父亲就忘乎所以一定要给女儿做一本书。女儿一岁半时，我想到了这本书的选题。牛若丸出版社要出这本书，只给女儿出一本摄影集也不行，我就选择了“速度的历史”，以女儿为导航员这样的形式。这个速度是从法国产业革命的

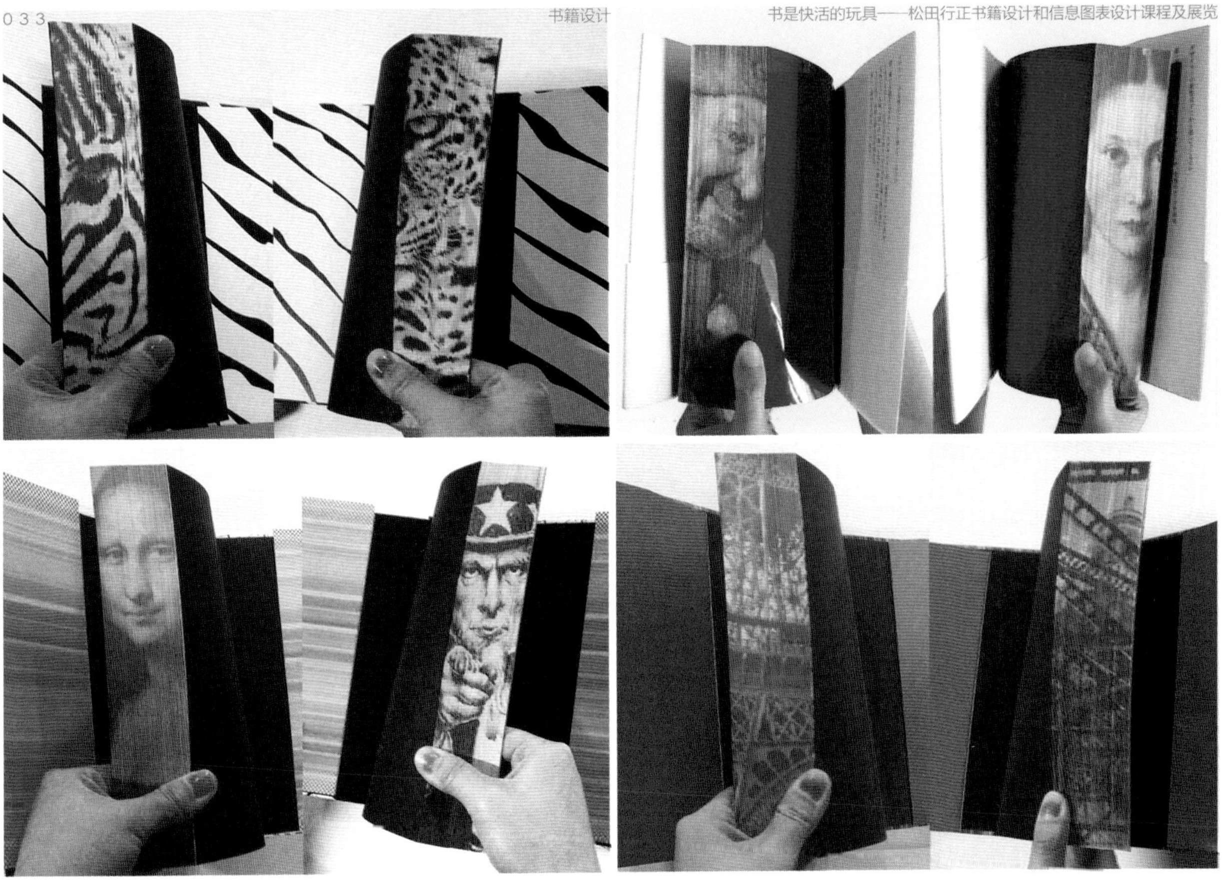

3

4

1. 维也纳的卢斯房屋

松田行正作品

2.《速度的历史》/ 2010 年
3. 物化的书籍切口展现有不同的图像画面
4.《大地》/ 2004 年

铁路开始，包括一百万分之一反应的核弹头。很多地方有女儿的身影。我就想做特别的书，就是在封面纸板上面模切了很多空洞，表里裱上两张很薄的纸，拿在手上感到不可思议的轻，阅感很奇特。

物化的书籍切口可展现不同的图像画面。打开书左右翻阅会让人有一种惊喜，十分愉悦。我在许多书里都施展了这种“魔法”。

物化的书籍还可强调纸的物质性。《大地》是介绍矿物的一本书，体积虽小，但分量很重。我是为了让它有矿物质感，而且书口切面烫了银箔，书封面边沿略长，为了保护书口银箔不受损伤。

我非常喜欢杜尚，就做了一本向杜尚致敬的书。书中有一个模切线，把它撕下来，组装的话就会变成一个方的盒子。同样的作品可以全都切割下来成为拆散的状态。我把杜尚的油画作品请插图家重新描下来，用了相当多的时间

5

6

7

松田行正作品

5.《线的冒险》／ 2009 年
6.《眼的冒险》／ 2011 年
7.《时间的冒险》／ 2012 年
8.9.《推理：被捆绑的杜尚》／ 2006 年
10. 雪花结晶

11.《婴儿看母亲》／卢恩莫克
12.13.20 世纪六七十年代西方流线型工业产品设计
14.《泉》／杜尚

8

10

把一格一格的颜色层次进行变化。蓬皮杜美术馆也收藏了这本书。

2. 有梦想的书（不显现的主题）book what have a fantasy，不显现的主题就是物语性。

20 世纪初，亨利·沙利文说过“形式追随功能”（form follows function）。什么是形式追随功能呢？比如雪的结晶，简单地说，这些结晶为什么会有这么多形状？因为不同的形状会发散它的热量。

反过来说功能也在延展形式。20 世纪 30 年代在美国出现了流线型的热潮，这是产业革命以后，人们关注速度后进一步关注了流线型。流线型的阻力很小，但是实际上速度并不快。只不过是他想要快，追求这个速度。很像有速度，我喜欢这个“像”的部分。雷蒙德·罗维设计的汽车，他只是在上面加了几条线，就好像很快。实际上我也很关注这几条线。这些流线在这些车类还是可以的，渐渐这些想法深入到日用品中。比如一些工业产品设计进入像女性的身体曲线造型，我是喜欢流线最开始的部分。

我认为“形式追随梦想”，比如，设想速度能够更快的这类的梦想。还有一个更重要的是要“改变视点”。

190 多万年前，人们开始用火加热烹饪，这样谷物就会产生淀粉，人更容易吸收这些东西。这一时期正好和人类的脑容积扩大是同一时期，也许加热使人的意识提高了。另外就是黑火药，它是由木炭、硫黄加硝酸形成。浸了粪尿的土再加木灰，就可以形成硝酸钙的结晶。在英国为了战争就建设了生产硝石的工厂，其实就是用浸了粪尿的土加热。英国将印度殖民化后，在当地取得了更多的硝石。19 世纪，由于化学的发展，出现了硝化甘油才不再进行硝酸钙的生产了。那么我们可以改变视点，可以说硝化甘油出现之前出现的战争是靠粪尿为材料的。所谓“改变视点”，就是从完全不同的角度去看历史。

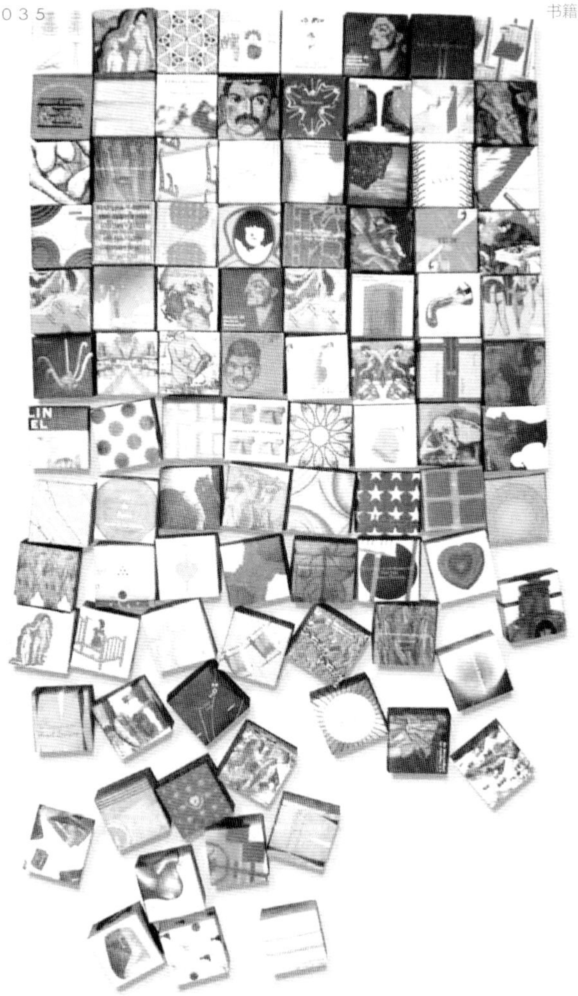

9

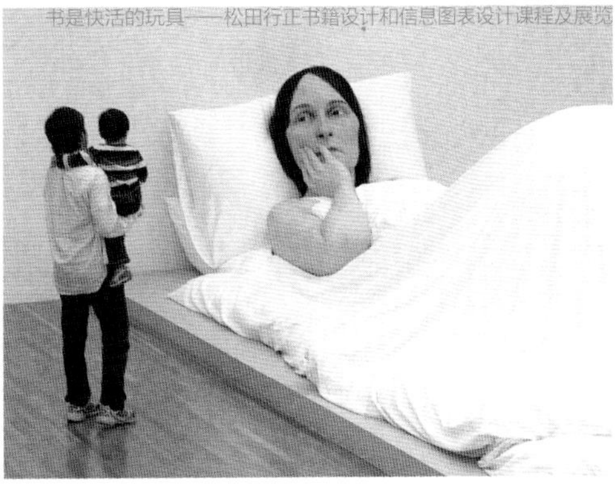

11

12

13

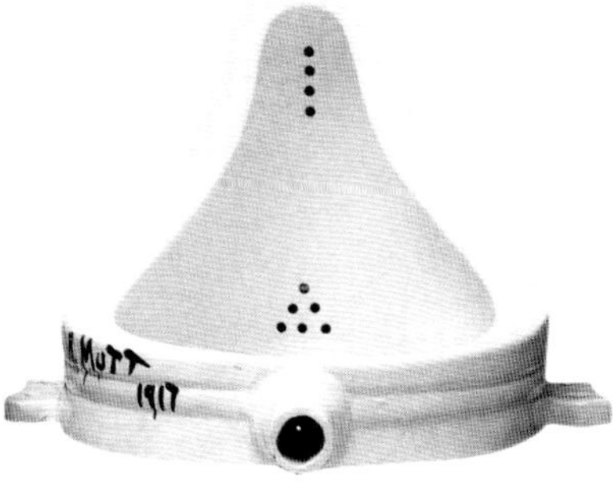

14

2005年艺术家评最伟大的作品就是杜尚的《泉》，而且名次超过了毕加索，是第一位。这个是为当时展览会提供了一个讽刺工业产品的作品。而且杜尚是展览会的评委，他知道展览都是用字母排序，所以第一个是A。当时这件作品用的就是“A……”。他其实就是想在这里投出异石，引发人们关注。其他评委反对，把作品关到仓库里面，实际没有展出。把这个东西拿出来，拍成摄影作品，变成像祭坛一样的小便器登在杂志上才一鸣惊人的，说这是现代主义艺术家做得最好的作品。实际上杜尚的意图并不在这里。19世纪末之前的小便器都是这样的，它通过工业产品的大量生产变成全白色。杜尚对此不满，做了这个作品对此进行讽刺。当时厕所是一个艺术空间，杜尚对于这全白的完全没有情趣的空间提出异议。

再以卢恩莫克的雕塑作品为例。这个作品的尺寸从哪儿来的，这是一个问题。并不是随便想出来的，而是有理由的。展览会时一旁有说明书，但是根本没有提这件事情。但是我想，你要知道尺寸的由来，不知道的话观赏的角度就会不同。实际上这个是刚刚出生的婴儿看到他的母亲的形象，应该是这样一个比例，卢恩莫克有很多这样巨大的作品。

我比较重视“改变视点”的作品，或者是对谁的致意、或者是类似的、或者是历史性，我想通过这几点就可以产生一个隐喻的主题和故事。我的书试图实现这一点，以下介绍几本我做的书。

《关于记号事件的81个档案》，这是一本以“割断”为主题的书。日本发生了“3·11”大地震后，作为一个设计师也应该有所为。大家说一个纽带很重要，地震后很多纽带也被割断了。 达明安·郝斯特有一个非常鲜明的表述，这种被割断状态的作品，这里有一幅插图，把一匹马完全切开来，在福尔马林中浸泡这样一个作品，这样给人一个强烈的印象，让这种纽带被割断。我想用其他的割断的印象来减缓马被割断印象的刺激，这种强烈的悲剧感，比如缓慢地切割切断。这个就是插图的方式不断演进。在设计

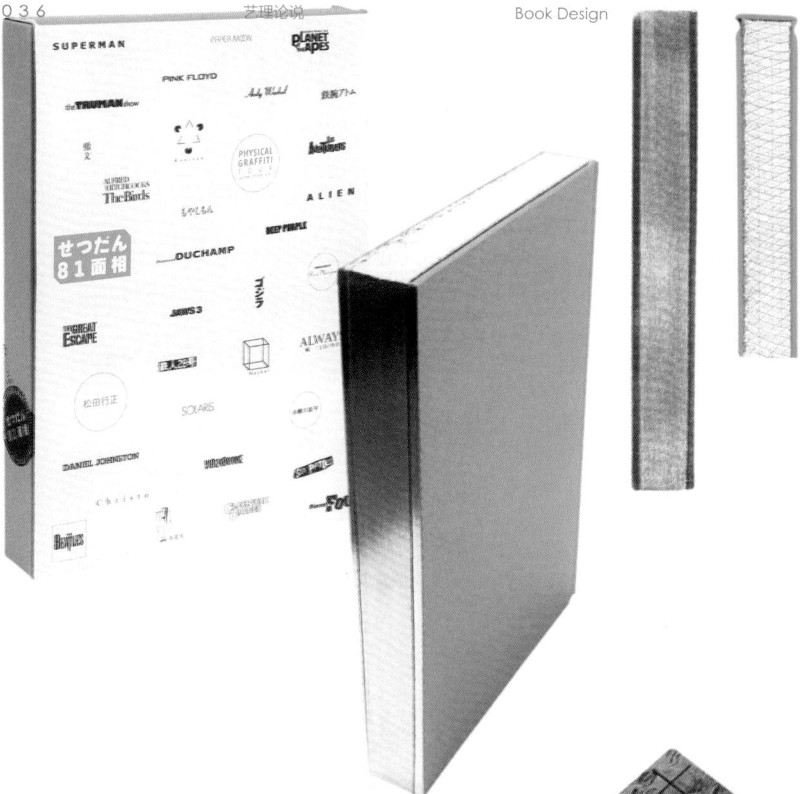

15

16

上我把上面的书口做成毛边的，好似锯痕，侧面的书口则用了银箔。

2009年，以太阳为起点，1000亿分之一的距离计算，将各颗行星按矢量排列这样不断地演化。书页的宽是125毫米，有600页，把这些页加起来是75米，乘以1000亿就是太阳系的长度。从水星、金星不断地推演下去，远近各异的行星的距离都用线连起来，这就是大家看到的线的作用。对太阳系的感觉，大家觉得都是空空的，这本书让大家可以看到用线连接起来的、行星之间丰富饱满的时空关系。出了这本书后，发现用蛇腹折（经折装）更能反映我的想法，于是又做了《1600亿分之一的太阳系》。以

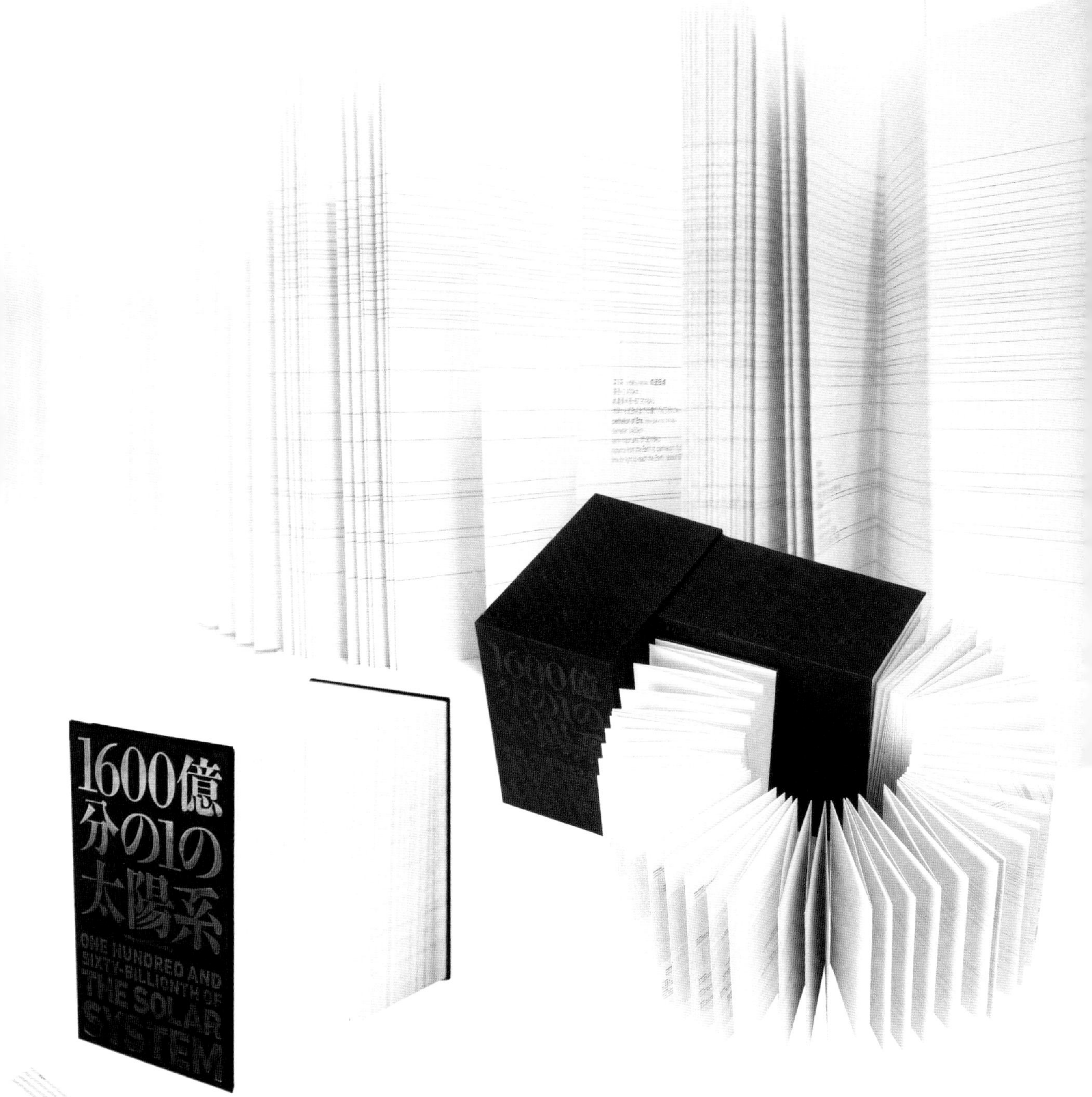

17

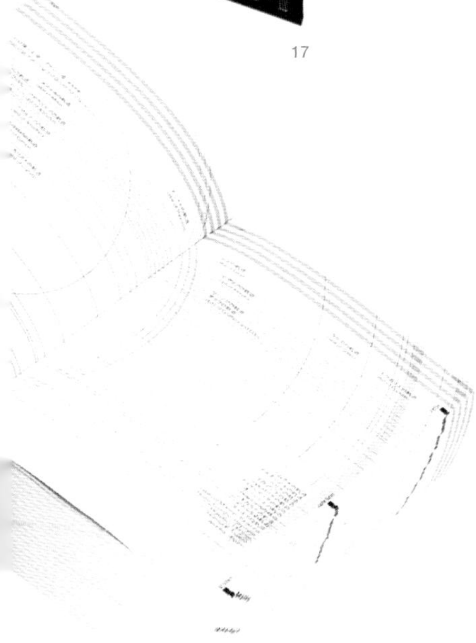

松田行正作品

15.《关于记号事件的 81 个档案》/ 2008 年
16.《1000 亿分之一的太阳系》/ 2009 年
17.《1600 亿分之一的太阳系》/ 2009 年

原来的 1000 亿分之一的矢量比例关系缩小到 1600 亿分之一。小书的全长是 47 米，大书的全长是 75 米，实际上锁线装订无法完全展开。现在用经折手工制作，太阳系可以全部连贯起来了。不过成本是一本 20000 日元，函套是 6000 日元，每做一本我就要掏 26000 日元。印刷是很简单，装订很费劲又昂贵，我要的就是这种感觉。

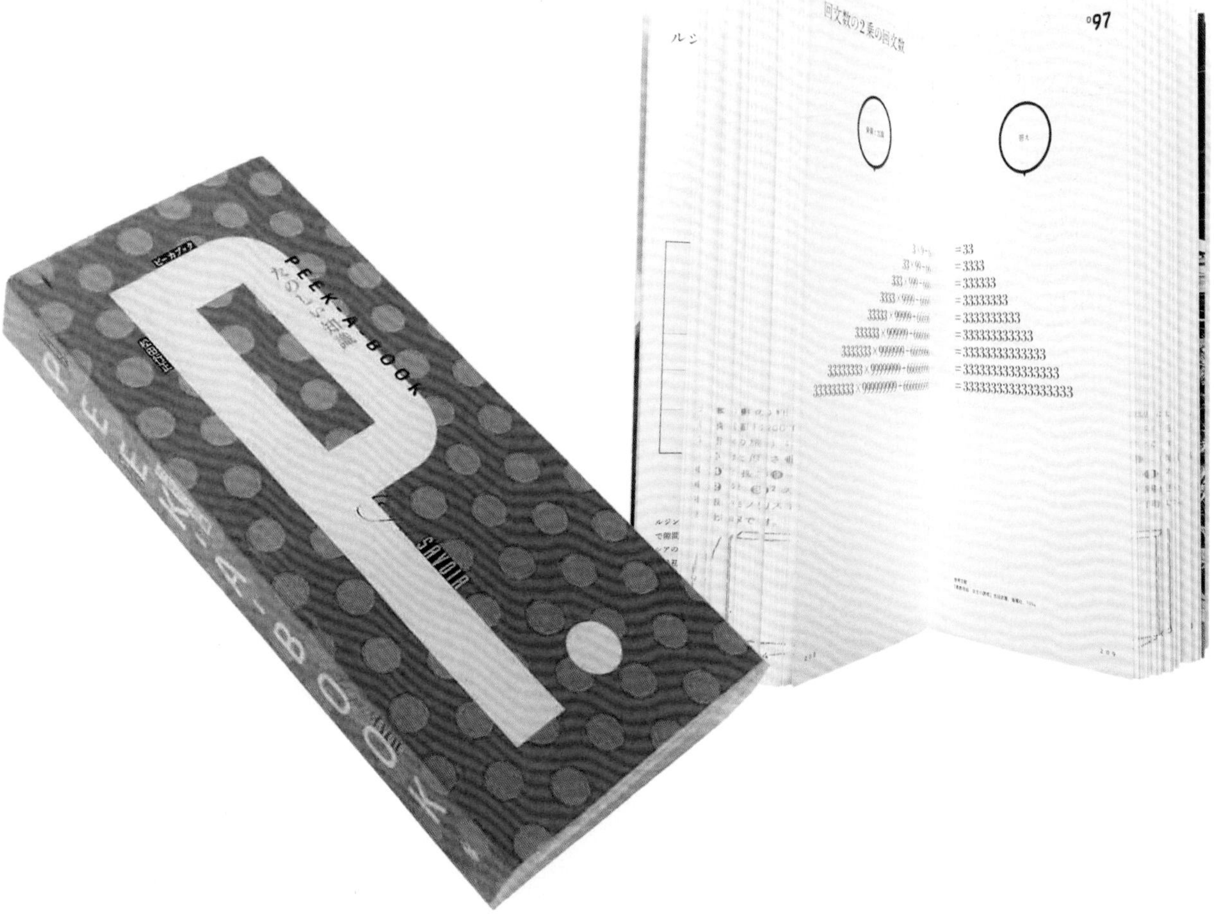

18

《寻觅——有趣的知识》，这是P画书，就是“藏猫猫”的意思。有一个电影导演2001年做的《宇宙之旅》，其中有个情境：有一个叫作莫洛里斯的黑色东西给人类带来了智慧，这也是电影的一个关键词，很多地方都出现这个意象，它的尺寸是1 ∶ 4 ∶ 9，就是1、2、3的倍数，这个环节引发与书的关系，可以说我是先有书的形后有内容，书的页数也由此而来，然后我再去找怎么填它的内容。一般是先有内容算出来书芯，才有页数。我不是，我是先有页数。

《观“B”》这个B是甲壳虫Beatles的B，函套是甲壳虫的纪念版专辑的函套。书籍的名字用字母的B，副标题是“甲壳虫的游戏”。关键是在书拿出来的时候，它是一个反B，因为是竖向排版，反过来才是正的。 这本书做起来很不容易。因为是精装硬壳，须做两个模具，一个是书芯用，一个是封面用，两者合起来的时候不容易。因为书与外面的硬皮是连在一起的，如果你先把它贴上去，书口的这面又会不齐。这本书做出来的一周前，都在为这件事自己折磨自己。

做书就是这样，设计图文兼排是很冒险的，如果你有修改的地方，这一页要重新调整，每次再重新调整，再回到每

19

松田行正作品

18.《寻觅——有趣的知识》/ 2012 年
19.《观“B”》/ 2013 年

一页开始。我并不是要折磨自己，而是要愉悦自己，为了这种愉悦而坚持这样做，好像有点自虐狂的意味。

[结论]

“书是不快活的玩具”，Book is a dark toy，这是著名编辑家松岗正刚说过的一句话。本来是一位日本作家稻垣足穗的话：“文学是不快活的玩具。”松岗他拿来替换了一下：“书是不快活的玩具。”他认为绘画音乐不请自来可以进入人的耳目，书必须辛苦去读，所以说书是不快活的。那么我把这句话颠覆成“书是快活的玩具、物化的玩意儿”。我的方向是在阅读之前可以触摸，可以把玩这本书，读起来又是有趣的，这样书是可以令人快活的。

以上介绍了我的牛若丸出版社的出书方针，至于所有的方针是否适用，而且你做完设计后读者怎么看，这都是要注意的。出版社出版的书 90% 是我的，其他也有为我朋友写的书而做的。我的书呢，与其说是文本，更突出的其实是设计，也许也有人指责这一点。

我的理想是书的文本内容和形式能统一，我会尽量朝这个方向努力。

对话

李栋　松田老师好。我接触到最早的您的书是中国台湾版的《圆与方》（日版 1998 年），这本书让我很震撼。用非常翔实的科学图像和图形来解释抽象的几何图形，例如“圆与方”。因为以前在中国没有接触过这类书，您的好几本书在中国都很受欢迎。我想问在日本竞争这么激烈的出版界，您的出版社是不是以图像书形式产生独特的风格而取得成功的呢？

松田　其实出版这样的书我们顶多也就是回收印刷费而已，本来我也知道这书卖不出去，我的书是想让我的朋友看，我周围的人看。所以我不以产生利益为目的做书，书出来后我也没有推销这样的动作。此书不久在韩国、中国大陆和台湾陆续出版，到第七年才开始有了一定的利润。另一本书叫《零 ZEЯRO：世界符号大全》，书出版以后一个星期马上又有了订货。但是我不太适应这种突然对我的书的热爱，心里想这是真的吗？没问题吗？所以我特别吃惊。关键是我不宣传，很多人在书店发现我这本书，成为我的读者。大概就是人们口口相传吧，有这样一本书啊，这样书就卖出去了。台湾方面就提出来要翻译推荐这本书，这本书翻译出版以后不断再版，虽然并不是说再版就意味着很完整，但是我现在基本上放心了。

李栋　请问以图形为选题特征的出版思考是怎样产生的？

松田　一开始是受到杉浦康平先生和松岗正刚先生出了一本《六人谈》影响，其中杉浦康平先生选择了许多图形，松岗先生写说明文字，一直不断地展示图形的世界，我是受了这个的影响开始做我的书。后来松岗正刚先生出了一个专辑叫《相似率》，就是各种东西都会相似。比如宇宙的银河和人头顶上的旋很像这类的，然后他用对开页把两者对比，展示这样

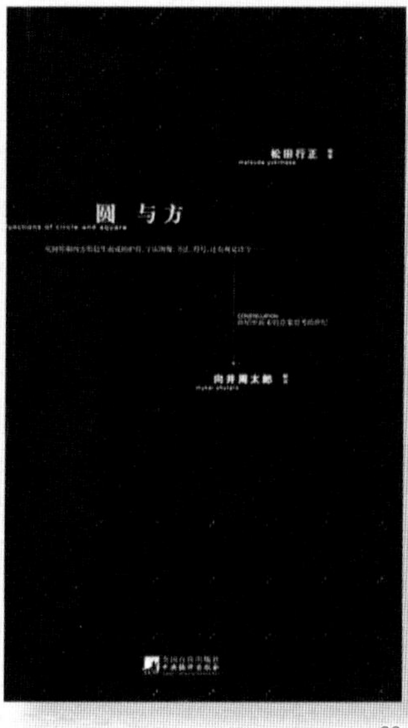
20

松田行正作品

20.《圆与方》/ 1998 年

的图形。我对这种相似性非常感兴趣，不光是相似，而且它有一种能量在发射，这也是我感兴趣的所在。之后我就想做以图版为中心的书，用视觉的形象来说一件事或讲一个故事，读者方面也有很多的受众。所以我认为书既是阅读的，又是能观赏的，而且书也可以摆弄，当然书归根结底是阅读文本的载体。牛若丸出版社定位就是一个稍微与众不同的，尽量减少文字量，加入更多的图片和插图、照片，以图像为主的书籍出版机构。

杨丽珍　我能从您的书里看到很多信息、大量的知识含量和严谨的工作态度。特别想了解您对于这种信息的整理工作过程和这种工作方式，面对一大堆资料和一大堆信息，您是怎么筛选的？您的一本书从最初的阶段到后边的整个过程是怎样的？

松田　说起来有点难。我平常做的东西来自看报纸获取的信息，看什么有用的就把它剪下来做成文件夹，现在已经有几十本了。当然只是那些自己感兴趣的话题。就是像报纸上的信息一样，东一个西一个，并不是很条理的。要做什么事情就把笔记本、文件夹拿出来，各种信息就是随机排放在那里，这一点很重要，你就会被激活，会产生各种各样的想法。实际上，想法创意不是坐在那里冥想硬编出来的，而是在你看这些事情的过程中产生的。当然这些信息只是给你一个契机，但是这个感觉很重要。我在进行视觉信息图表制作的时候会从各个角度挖掘寻找各种各样不同的信息。这个时候也是以我为主，我觉得感兴趣的东西，我也会更集中地追究细节，过程中会漏掉某些要点，但也会出现一些意想不到的不同视角，这种恣意地出自你极为个人的视角，一般会尽量回避，但是我很喜欢用异于他人的角度。所以我是在寻找一种异乎寻常的解释，而形成自己的一套取舍，整体上讲这就是一个编辑过程。

张申申　像日本这样的自主出版社，中国好像不多。作为一个自主出版人大概需要具备哪些能力？

松田　你要是从能力上说，我们是一个小小的出版社，不需要太多的能力。因为是小的出版社想引起社会关注很不容易，所以要看你的选题。像我的出版社更注重设计性，所以现在每出一本书都有各个方面的关注，包括媒体的关注。遗憾的是他们并不关注内容，而更关注我的设计性，按理说应该是看了文本以后才去评价这本书，当然人家看上了我的设计也没

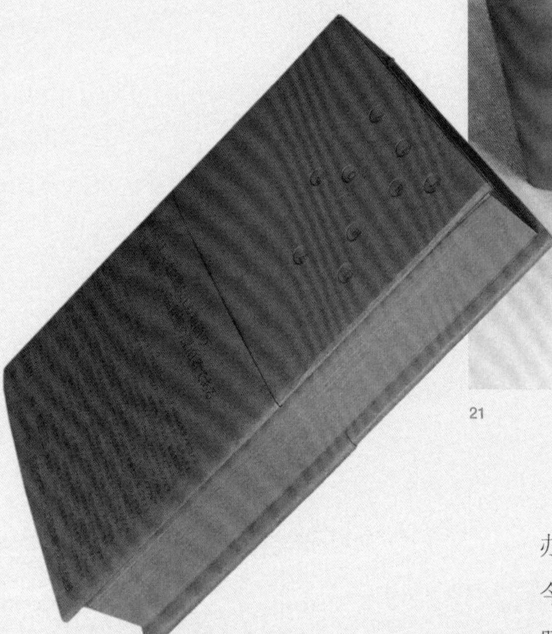

21

办法。其实书的内容视角也是重要看点，所以这点自己觉得有点遗憾。今后会关注文本要让读者阅读，设计性和文本要有一个协调统一。从选题的角度，不管是什么，即使你有 100 个选题，总之你得先做出一本书来。实际上出了一本书以后会产生完全不同的另一个创意。如果你想出书，我不知道中国的销售系统是怎么样的，在日本是有代销点，专门销售你的图书，就是我去委托他们，他们就批发到各个书店。因为出版社小做什么都很方便。

李德庚　您好，您在讲课里提到书和玩具的类比，您也提到您的牛若丸出版社，以及您做的比较个人化的书，不仅做设计也经历做编辑制造内容的过程，这些东西会不会产生一个影响：引起出版业的分裂，大量的这样的东西出来，将来是不是会在玩具店销售？可能设计师已经不太依赖编辑，整个出版业将会产生一个怎样的变化？

松田　实际上在日本也没有几个像我一样，自己写、自己设计、自己出版的人，今后这样的人也不会太多。我觉得书能在玩具店卖是值得欢迎的。日本现在实际上书店是越来越少了，或者是变成综合书店或者是被兼并在网上销售，书现在是在杂货店卖。书的作用已经在被分化，已经变成室内装饰，变成玩具，书的作用已经不再只是翻读的东西，不向这个方向发展，书是不是也很难生存？当今在日本，书也不好卖，但如果是玩具店来卖的话是不是有新的天地？

过去是只重视书的文本这一个角度，虽然日本专业的设计杂志会介绍书或介绍设计，但从设计的角度来看书，这样的机会还是很少的。一般认识是，有了内容才有书，是这样的观念，当然这样的现象也是重要的，不过我现在要打一个问号。恐怕牛若丸这样的理念成为社会一般性的共识是不可能的，所以我们牛若丸出版社今后也永远是一个异化的与众不同的存在吧。如果牛若丸的尝试都成为大家追风的做法的话，我就不干了。大家都做一样的事，就没意思了吧。

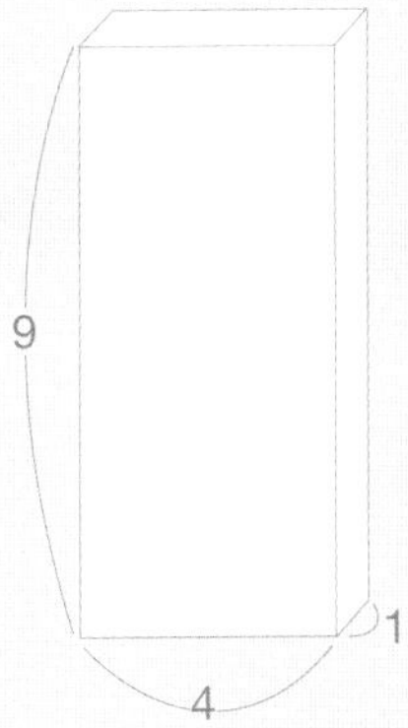

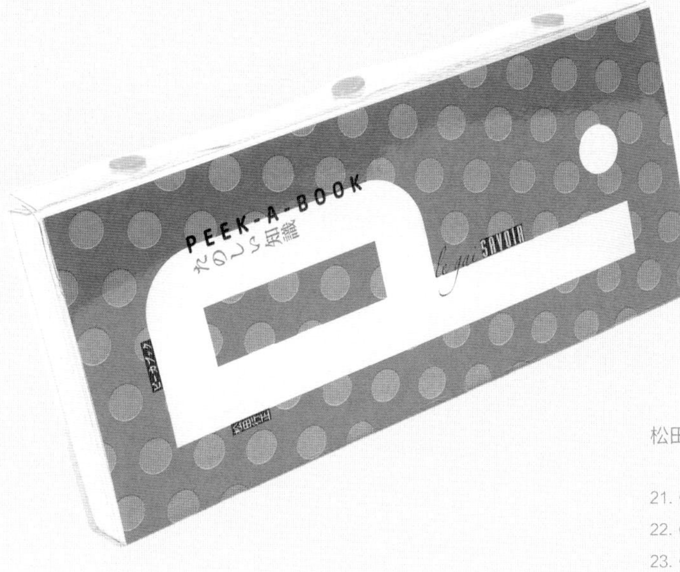

22

松田行正作品

21.《零 ZEЯRO：世界符号大全》
22.《寻觅——有趣的知识》/ 2012 年
23.《怪》2001 年

刘开芳　牛若丸起步时是怎样的？遇到的困难是什么？是怎么坚持下来的？刚才松田老师说做书，就像在朋友圈传阅一样的。我就想今后的书会不会出现私人订制这样的情况？或像做奢侈品一样高级订制？

松田　先说一个出发点，先说出版社。我自己搞了一个摇滚乐队，每年圣诞节的时候都有演出。因为是外行人搞的乐队嘛，所以来的观众渐渐少了，因为实况演出要有很多客人捧场，你才有激情，所以我想给大家点礼物。我曾经受托以《游》杂志纪念日为主题的内容做书，用了两个星期，包括印刷在内两个星期就完成了，做了 55 本。真有一种速度感，而且非常爽。那么我就想起这件事，我公演之前作为给大家的礼物，我做了两本非卖品的书，自己觉得很不错，我就想这书也可以推到一般的市场上啊。现在每年出版纪念酒会上我都要送每年出的书，所以在业界大家都知道有白赠的书，都会来看我们的演出，所以这是本末倒置的事。但这是和牛若丸出版社致力的方向相吻合的。

困难是不少的，但是困难又是你能制造愉悦的契机。其实做书最难的是书的成本核算。一开始我就是想做好书，很贵的纸也用，成本很高。当时是没有经济脑子，渐渐地修正方向，实现设计的关键点上要为此付出，其他的就精简。渐渐地也明白了一本书的成本核算，可以去调整用钱的地方，该不用的就不用。牛若丸的书在工艺上有各种尝试，但是比你想象的印制成本要低，因为经过合理的运筹。

另外未来书会不会成为奢侈品，我觉得会是向这个方向发展。19 世纪末的欧洲，书就是要订制的，今后可能还会出现这样的情况，虽然不是所有的，但一部分精心打造的书会有这样的市场。现在是设计师、印刷厂、装订厂合作做这件事，19 世纪末的资本家就是他一个人做，今后印刷厂可能走向一本书也可以印。

23

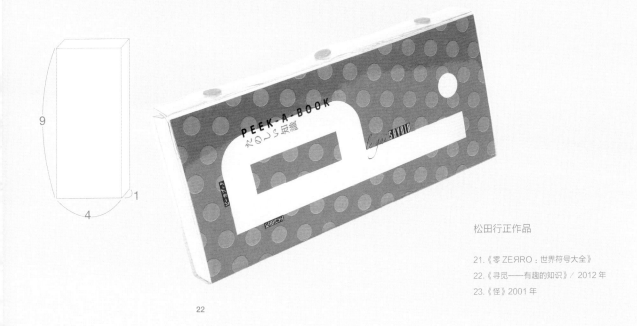

段文超 我想对您增加些了解，我想知道您的经历。

松田 我进入这个行业的契机，是看到杉浦康平先生和松岗正刚先生做的书，那之前我也做一些类似书籍设计的工作，那之后我就真正想成为一个书籍设计师。另外我之所以有一些构思和创意，缘于十几岁的时候搞一些概念艺术，就是玩、体验概念艺术这样的事。年轻时候我有一个在东京艺术大学作曲系的朋友，我和这个朋友推翻一切既有的组词造句规则，把非常不沾边的词罗列在一起开始一段对话，因为是没有秩序的对话，你反而要动很多的脑子。我们两个就是一直在车上干这个事，下车的时候就觉得自己有很大的成就感，实际上双方是完全没有内容的对话，如同棒球双方感受投球接球的反应就特别愉快。我身体内的这种潜意识体验比较多，所以造就了今天的我。

段文超 能告诉我您平常在家里一天的安排吗？

松田 我以前和吕老师一样，属工作中毒一类的，光知道工作，没有周末，天天在工作。女儿出生以后，周末不工作了，只要女儿醒着，我就和她一直玩。孩子睡了以后我就开始看电影、录像，过平常的日子，回到家就看电影。读书就是在坐电车时看，所以我们家没有书斋，这是化为血液的习惯。周末和孩子一起玩，读书的时间大大减少，但是我又得到了很多。

段文超 请您给我们年轻人送一句话吧。

松田 我常常和别人讲也是一直这样做的：要在工作中得到愉悦，在工作中享受愉悦。

高霞 您对电子书怎么看？我们未来会有一部分书像您做的像艺术品一样，有一部分是商业类的书，还

松田 现在人们说20世纪是平面设计最好的世纪，21世纪可能就不一样了，纸质书的市场会缩小。在这个过程中，到底能保持自己的定位到什么程度，这可能是我们牛若丸面临的课题。

有一部分是纯电子书，我们这些设计人员，是不是扎堆地做这种纯艺术的书？电子书对于我们设计师来说应该是什么方向？我们能为电子书做些什么？

电子书里面能有大量的信息，容易携带，这也是一个方向，像旅行指南这类书，如果是电子书就很方便，所以我们要充分地利用它方便的一面。书是书，电子书是电子书，可能会分开，各走各的路。纸质书有容易记忆这样一个长处，因为电子书没有页码的感觉，实际上你想起来是第几页上的话，纸质的书能够帮助你回忆。所以电子书与其说是文本，更重要的是信息的价值。我倒并不否定电子书，但如果想要留到记忆深处，那还是要一个纸质的文本。今天，设计师要走哪条路也是很重要的选择。因为虽说纸质书的市场会缩小，但是到底会缩小到什么程度还很难预测。有一句话叫“帆船效应”，比如说帆船曾经一直是船的种类之时，出现了蒸汽船，人们会想帆船已经没用了，但帆船仍然坚持下来，而且还开发了比蒸汽船更快的帆船。在旧时代的技术被新的时代取代的时候，旧时代的技术又能够打一个翻身仗，超过新时代的东西，这叫作“帆船效应”。现代化的船又有了更快的速度，但帆船依然存在。所以现在是电子书和纸质书竞争的时代，纸质书再坚持下去，各有各的路走，我是这么预测的。电子书要做的部分就是把它变成动画，我也想做。

郝威 非常感谢您带来这么多心爱的书给我们亲手翻阅。您设计的这些书非常独特，让我学到很多东西。看您设计上运用了大量鲜明的色彩，是您个人的喜好还是您想传达什么信息给读者？请您给我们介绍一下日本与中国设计的区别和日本图书设计流行的趋势。

松田 用颜色也是一种战略，比如说书店里有很多颜色的美术书，我放上一本颜色很沉寂、很稳重的就可以独树一帜。这是自己的一种经验吧，来自我对这本书的价值判断，所以没有我不喜欢的颜色，对色彩的喜好是在整个的状态中看客观的情况确定下来。特别是牛若丸的书比较异端，在书店里很扎眼。就像电子书一小块，你如果不用一个特殊的颜色根本不会抓住读者的视线，我的书在书店里要与众不同。

现在在日本也有畅销书，但是我想数量会与普通书渐渐持平，出版的部数、印的数量都会差不多，少量多种，大家齐头并进，恐怕这是世界性的趋势。这个社会已经不太接受特别火的畅销书。在日本出本一百万部的大畅销书，主要是因为平常不看书的人买书了。随着因特网的发达，不需要刻意地买书。真正想买书的人一定是为了得到确切的信息，书的作用本来就是要提供一个准确的信息。日本的出版业发展过头了，书都出到差不多的种类和部数，书又该回到它出版的原点。现在的出版社为了保持过去的荣光拼命出书，实际上是自己折磨自己，像骑着自行车的状态，你要一直骑才不倒，所以很勉强出一些根本不必要的书，这并不是一个健康的出版状态。现在出了一个竞争的对手——电子书，可以督促出版社再回到健康的方向，这就是我刚说的帆船效应。

吕敬人　大家的积极提问，使我们又获得演讲之外大量的资讯和享受松田先生的做书想法。我的体会是，看松田老师的书，不是只看到形式，恰恰看到的是形式背后的丰厚内容、看出每一本书案头的工作量、书中精心撰写的文本、繁复的信息梳理、海量的图像分析，并用视觉语言将司空见惯的符号或现象转换成意想不到的知识，构成了这样一本本与众不同的书。差异制造记忆，他的每一本书都给我留下深刻的印象，而无法忘却，因为它的不同。每一本题材不同，叙述方法都不同，与他人的书不同，和书店里陈列的书不同，和电子书不同，构成语言、语法、切入的角度不同，还有内容的背后存有的知识含量。松田先生的书恰恰在我们泛泛的书海中独树一帜，在日本书店的架子上有写着松田行正名字的专卖区，他出版的那些独特的书籍让人们享受到阅读的乐趣所在。《1000亿分之一的太阳系》呈现在读者面前的是无穷尽的宇宙光束线，一颗颗行星在你手指间划过，每翻一页好像时间流逝一样，跨越数千光年与另一个星球相遇，这是何等的阅读震撼？也许你可以把它变成一本厚厚的文字书，但数十万字的文本无法让想象力在空间和时间之中畅游。中国出版人太多固守戒律的谨慎，少了些激发读者智慧的大度。他提到日本出版社需要反思“帆船效应”，中国出版界何尝不是如此？大量重复没有创意的选题，大量滞销的多余出版物……我们思考书的魅力何在？滞后的出版观念如何与电子书竞争？松田老师充满童趣的生活和工作哲理，天马行空的创意睿智，以及对知识吸纳的态度和严谨的编辑设计理念，一定给我们带来不少的启发。

牛若丸自主出版的书，以及概念，在日本出版业当中也是一个非常独特的现象。目前在中国这样的书很少，但不少人已经有了这种意识。从读者的水平和需求来说，这类独具个性的书会越来越多，当下可能还是小众，但不能因为是小众，我们就忽略了它存在的价值，而它慢慢会由小众趋向大众。牛若丸出版社的做书理念对于独立设计人来说魅力无穷，甚至对于想为自己、友人、亲人……做书的任何人来说不无裨益。

第二堂课

[信息图表设计] Diagram design

松田行正

前面的话

图表设计，近些年来在国内的一些媒体开始广泛关注和应用，但作为信息视觉化设计领域的开发和研究，还没有进入我们媒体人、设计师的意识行为当中，更荒唐的是，有的所谓学者还在质疑：信息难道可以设计吗？实际上中国古人在长城上建烽火台，用于发生敌情生起烟火传播险讯，是极为智慧的信息设计。古代河洛图、星象八卦图、经络穴位图就是信息图表设计。当今国内仍无视信息图表设计的重要意义，他们仍然对白纸黑字的信息罗列习以为常，对信息逻辑思维后的视觉归纳和审美不屑一顾，甚至还埋怨：干吗给我们添麻烦？想象力是什么东西！那么这就带来一个问题，图表到底在信息传播中的意义是什么？对未来信息传播途径的有效吸纳、快捷取舍有怎样的功能？

信息图表设计在书籍中有着举足轻重的作用。最显见的是书中目录，就是不可缺失的信息图表设计。可惜往往被出版人、设计师忽略，许多目录设计做得非常无序又无趣。繁复的文本信息堆积在纸面上，缺乏将重要信息进行逻辑关系的视觉化图表传递，不便于读者理解和记忆……由于著作者、编辑者、设计师多一事不如少一事的不作为，导致很多书的叙述非常平庸，毫无生气。信息图表设计是勤劳者的蜂巢，付出百倍的辛劳耕耘（资讯收集、分析、梳理、计算、整合、矢量化、视觉化设计），培育耐人寻味的信息之果，这里绝不是慵懒者的天地（设计收入与付出根本不成正比，因为大多数出版者尚不理解其价值所在）。视觉图表设计的方法论是用矢量概念来找到更加便于人们认知的信息关系。那么，这个方法论，对于只懂装帧设计和书衣打扮者来讲，做这些工作是不可思议的，因为没有这种意识自觉。

信息图表设计是松田老师做书过程中占据很大一部分精力的工作。他对人物、事物、事件有敏锐的嗅觉分析，对信息的传播，它的特质的转换，对数据、政治、历史、物理、化学、地理、心理……有强烈的兴趣，他擅长分解、整合一个个非常庞大的信息资源库，通过一张平面图表的形式演绎一个空间和时间的陈述过程，这是一个非常需要耐力和爆发力的工作。从印第安史到麦克阿瑟在占领日本时期的政策演变，从原子能的利用到披头士的戏剧化历史兴衰经历，题材包罗万象。你不能不钦佩松田老师面对井喷般海量信息时的淡定与冷静，而有条不紊地进行梳理，找出一个非常明了易懂的视觉表达方式来传递这些信息。掌握这种方法论，对于每一个设计师来说，应该是一门基本功，我们来听听松田老师的解读。

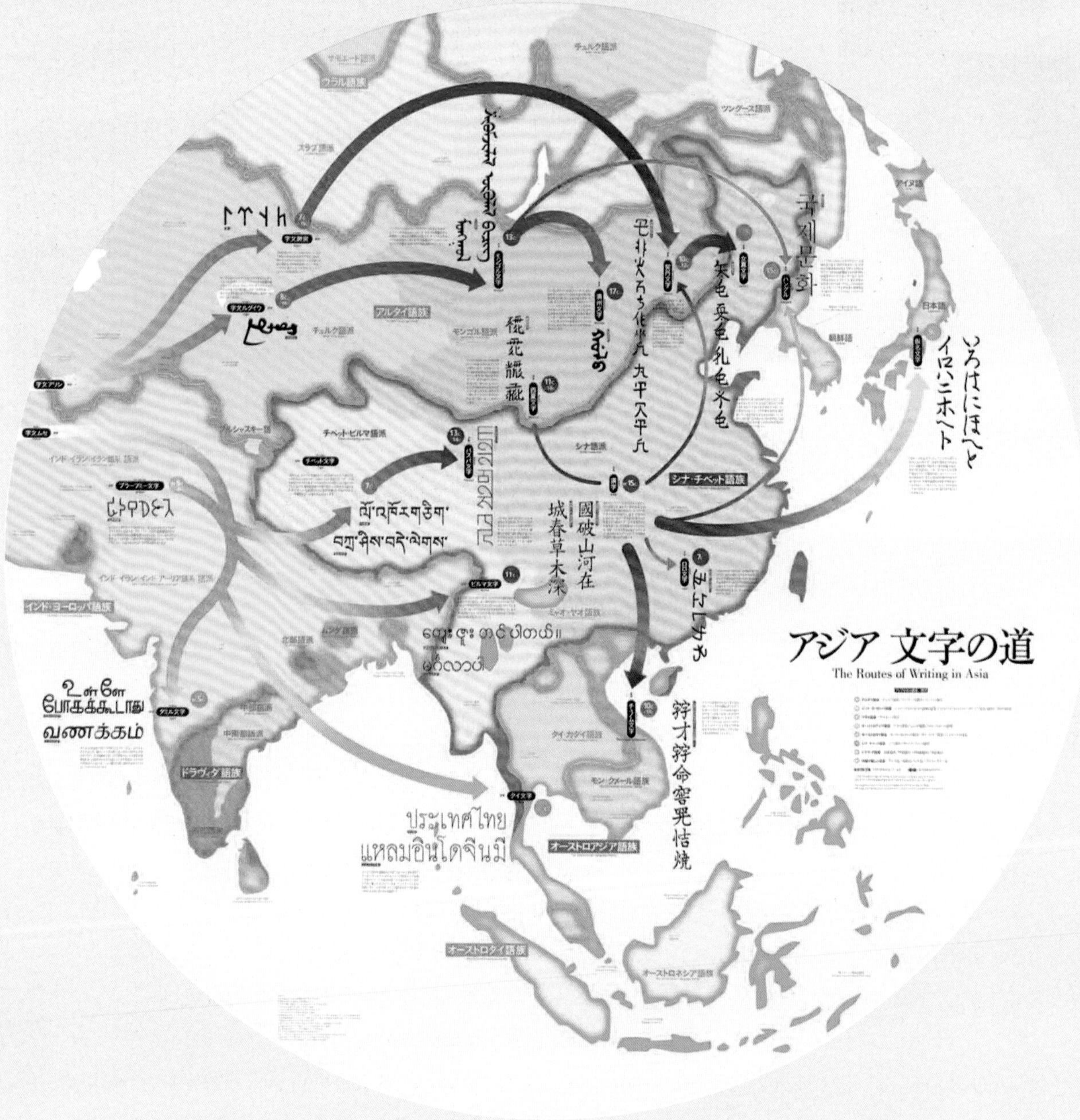

24

松田行正作品

24. 亚洲文字之路

该图分析亚洲各国之间语言走向的流动趋势，当时为一展览而做，图表直径 7 米，直接印在地面上，好像每位观展人走在探寻亚洲文字之路上

25. 美国印第安悲情史／ 1998 年

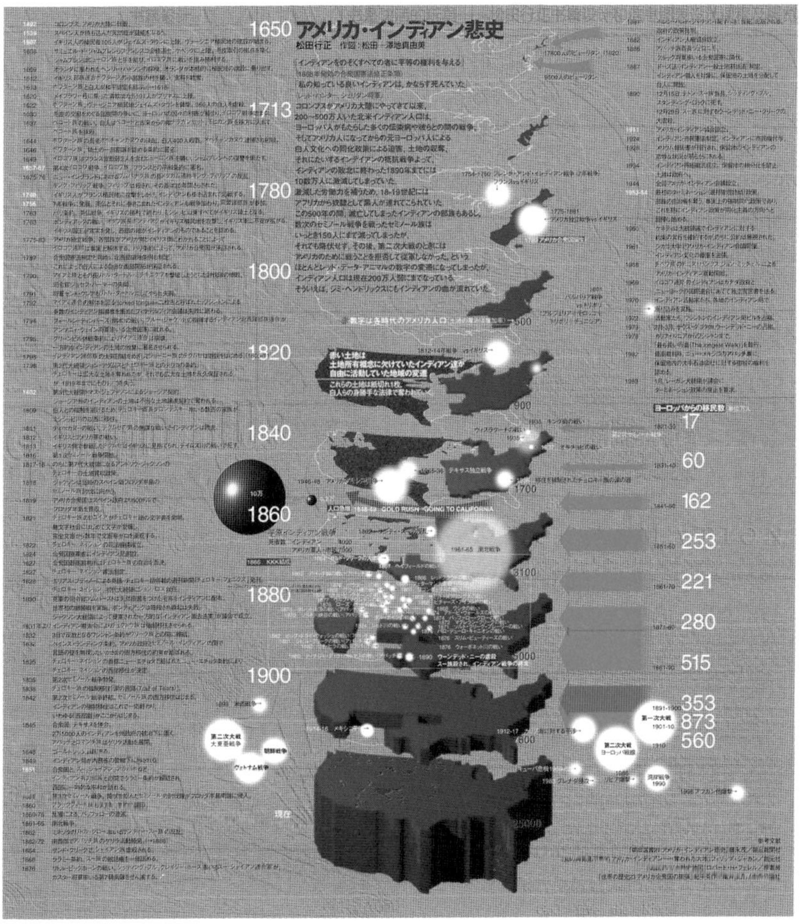

25

我认为做视觉图表设计要经历四个阶段。

第一阶段首先要选择一个主题。

第二阶段，先要有一个什么样的设想，会产生什么样的意象，构想你未来的示意图，并着手采集信息的工作，一开始不要太限制自己，尽可能去收集，幅面宽、视野广。因为到第三项的过程中可能会出现修正你的意图，大信息量可以适应这种变化，这很重要。

第三阶段，根据你的主题将收集来的信息进行分析、筛选，因为这是一个编辑的过程，渐渐就知道自己需要的哪些是有用信息，哪些可以加以利用。

第四阶段，就是编辑设计。Design 这个词也可以说是有意去改变，实际上是要达到这样的一个状态。那么编辑的本质就是有意识去改变资讯的过程。实际上你要掌握信息的分类、取舍、整合的过程，这个作业不亲自做是不可能掌握的。接下来的重点就是要思考相关联的故事，也就是说在这些大量的信息中，有一些无法归纳到主体信息中的东西，可以另外把它组织起来形成第二层信息，最后就是编排视觉化设计。

下面我来解释我设计过的信息图表的几个实例，做这些图表不是故意要给自己找麻烦，每一张都有实际用途，希望给大家看到信息设计可以有不同角度的思考，我的想法又是怎么来的。

《亚洲文字之路》
该图表为一次亚洲展而做。主要是反映亚洲文字的来龙去脉，亚洲各个国家语言走向的流动循环态势，以及文字造型特征的相互关系等，向观众做一个简洁明了的交代。当时将图表做成直径有 7 米大，直接印在了地面上，好像每个来看展览的人都走在探寻亚洲文字之路上。

《美国印第安悲剧史》
红颜色的部分是原来美国印第安土著居住的地方，自白人移民登陆后，它的面积逐年在缩小，现在只有最下面红色点点的部分，而且是土著被指定居住的范围。蓝色图形是欧洲白人进入的面积，而且地盘在不断扩张。地形图三维厚度是指美国人口的递增数值，绿色指示是欧洲移民的人数变化，白色圆点是白人和土著发生战斗的记录。移民的

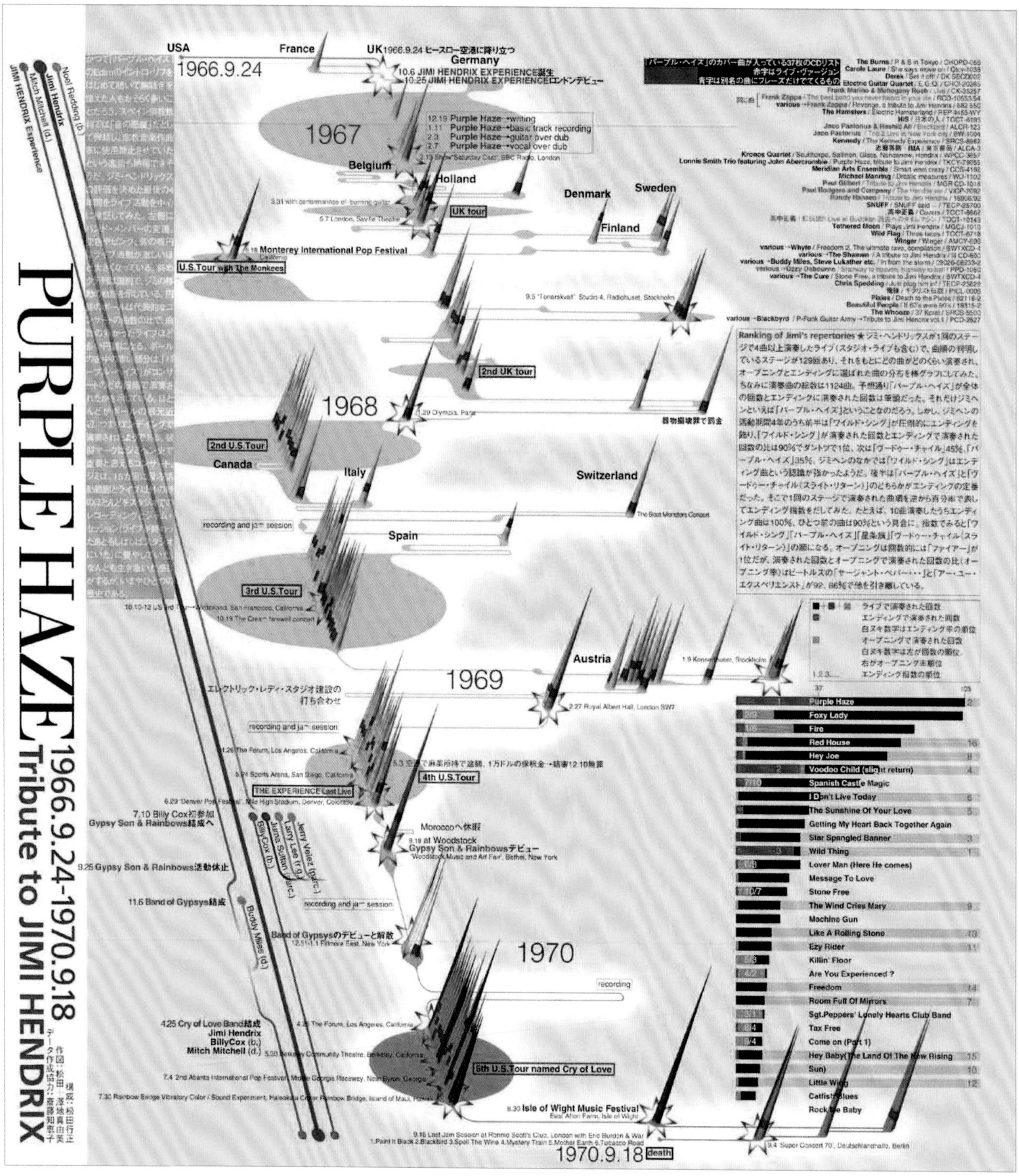

26

松田行正作品

26. 向吉米・亨德里克斯乐队致敬（1966.9.24—1970.9.18）／ 2000 年

27. 编排设计的叛乱

28. 披头士乐队兴衰图（1957—1970）／ 2000 年

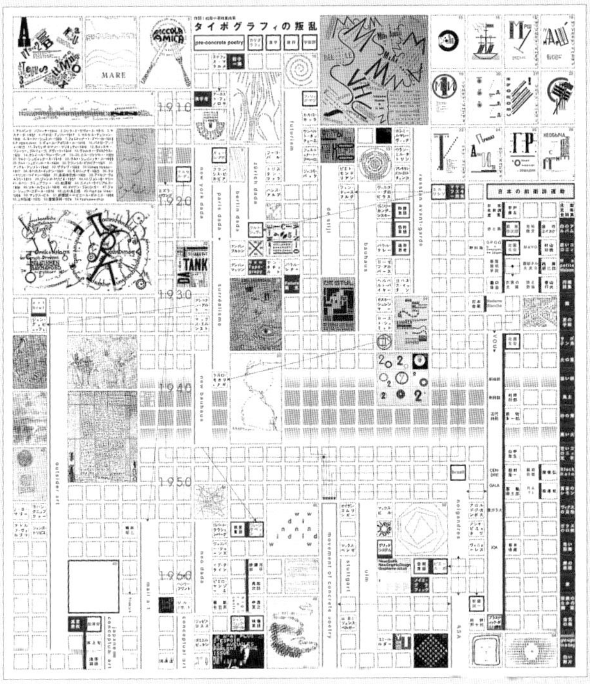

27

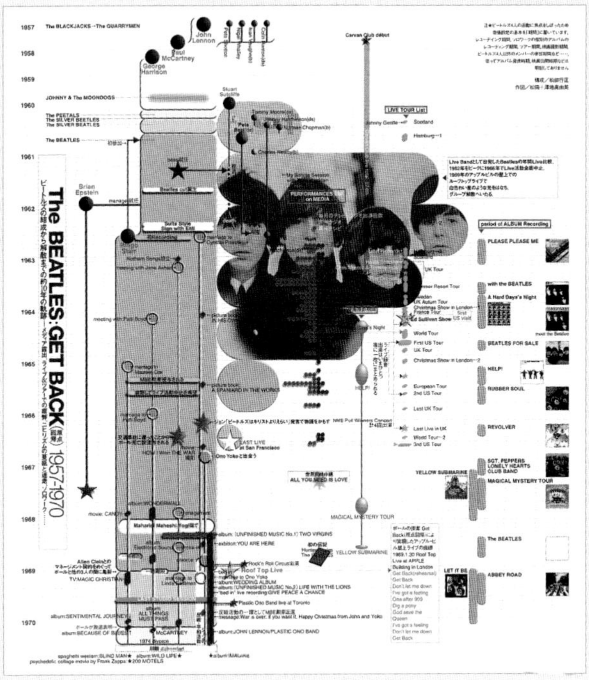

28

历史即白人和土著战斗的历史，这部分是我添加进主题里面的历史注脚。这个图被用在日本中学生的参考教科书里。

《编排设计的叛乱》

反映上个世纪欧洲编排设计的一段历史进程。20 世纪初期的欧洲未来派把文字编排作为设计的手段应用到平面载体里面，这种冒险一直延续到 60 年代。右上角是俄罗斯构成主义作品，中间部分属于具象诗的编排，再往下的部分呈现这种冒险的衰退，最后又恢复到原来的事态，我把它叫作编排设计的叛乱或者称之为造反。

《向吉米·亨德里克斯乐队致敬》

以一个完全不同的角度来设计。图表显现的是紫色烟云乐队献给吉米·亨德里克斯的整个现场演出的一个过程。紫色烟云演奏过吉米的代表作，每一次的现场演出都要保留吉米的代表作作为压轴曲目。 竖轴是指在哪些国家举办过这些公演，右面是指每次演奏的结束曲和开头曲是哪几个曲子。

《披头士乐队兴衰图》

因为喜欢音乐，所以非常关注甲壳虫乐队的话题。从 1957 年成立的甲壳虫乐队现场演出的高潮期，到逐渐不怎么搞演出，后期专门制作唱碟，到 1970 年解散。我用这个图来表示这个乐队从兴到衰的整个轨迹。右侧信息是乐队发行的专辑历程，中间红蓝点状表格表示乐队在电视广播出现的频率，从中可以看出后来演出的场数越来越少，没有什么记录了。左侧是他们互相在一起经历的几个阶段，产生过矛盾，又有他们之间关系非常好的和谐期，直至解散。红条的地方是解散前在楼顶上又做了一次实况演出的记载，图中注入主线之外的许多周边故事。

《鹦鹉螺号潜艇航行轨迹图》

该内容取自法国作家凡尔纳的小说《海底两万里》，其中说到鹦鹉螺号潜艇在世界海底航行了 12000 公里。十七八世纪有人制作过直线地图，直线地图只出现方位的变化，

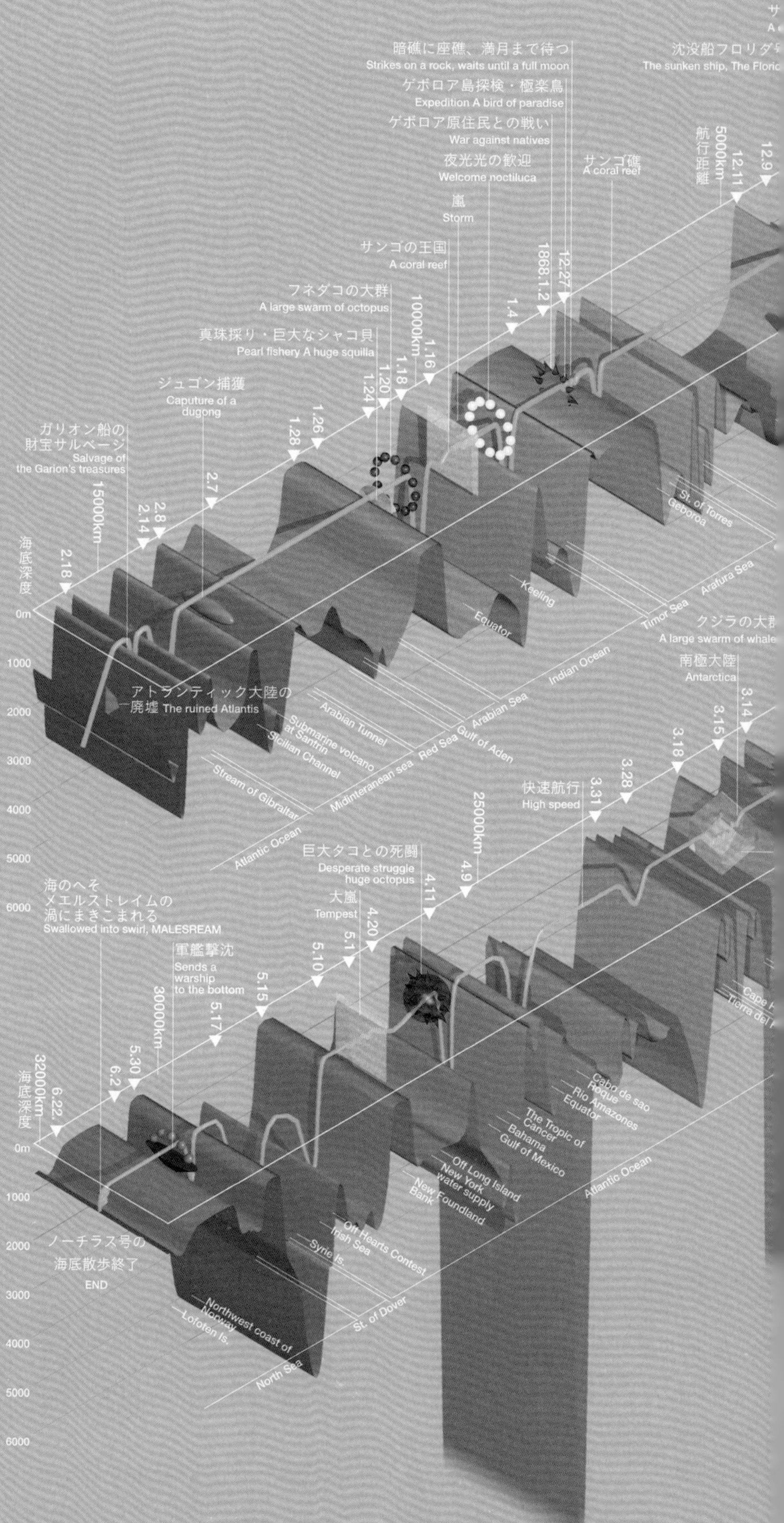
暗礁に座礁、満月まで待つ
Strikes on a rock, waits until a full moon
ゲボロア島探検・極楽鳥
Expedition A bird of paradise
ゲボロア原住民との戦い
War against natives
夜光光の歓迎
Welcome noctiluca
嵐
Storm
サンゴの王国
A coral reef
フネダコの大群
A large swarm of octopus
真珠採り・巨大なシャコ貝
Pearl fishery A huge squilla
ジュゴン捕獲
Caputure of a dugong
ガリオン船の財宝サルベージ
Salvage of the Garion's treasures
沈没船フロリダ
The sunken ship, The Floric
サンゴ礁
A coral reef
航行距離
5000km
10000km
15000km
海底深度
0m
1000
2000
3000
4000
5000
6000
12.9
12.11
12.27
1868.1.2
1.4
1.16
1.18
1.20
1.24
1.26
1.28
2.7
2.8
2.14
2.18
アトランティック大陸の廃墟 The ruined Atlantis
Arabian Tunnel
Submarine volcano at Santrin
Sicilian Channel
Stream of Gibraltar
Atlantic Ocean
Midinteranean sea
Red Sea
Gulf of Aden
Arabian Sea
Indian Ocean
Equator
Keeling
Timor Sea
Arafura Sea
St. of Torres
Geboroa
クジラの大群
A large swarm of whale
南極大陸
Antarctica
3.14
3.15
3.18
3.28
3.31
快速航行
High speed
25000km
巨大タコとの死闘
Desperate struggle huge octopus
4.9
4.11
大嵐
Tempest
4.20
5.1
5.10
5.15
5.17
海のへそ
メエルストレイムの
渦にまきこまれる
Swallowed into swirl, MALESREAM
軍艦撃沈
Sends a warship to the bottom
30000km
5.30
6.2
6.22
32000km
Cape
Tierra del
Cabo de sao Roque
Rio Amazones
Equator
The Tropic of Cancer
Bahama
Gulf of Mexico
Off Long Island
New York water supply
New Foundland Bank
Atlantic Ocean
Off Hearts Contest
Irish Sea
Syrie Is.
St. of Dover
Northwest coast of Norway
Lofoten Is.
North Sea
ノーチラス号の
海底散歩終了
END

松田行正作品

29. 鹦鹉螺号潜艇航行轨迹图

NAUTILUS' submarine walk

構成 松田行正
Map 原案 松田行正
CG 作画 河原田智

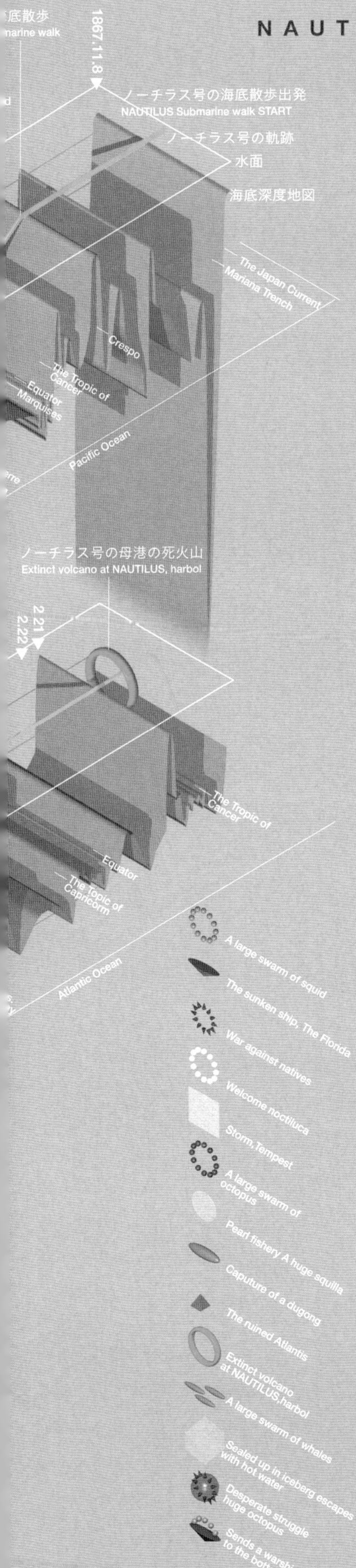

ノーチラス号のペーパーモデル

（表面図）

1954 のディズニー映画『海底２万哩』（リチャード・フライシャー監督）に登場したノーチラス号のモデル化。潜水艦のデザインはハーバー・ゴフ。この映画ではじめて本格的な水中カメラが使われた。本物の船体は円筒形だが，ペーパーモデルでは六角形にアレンジしてある。（松田行正 作）

ノーチラス号のルート

第一次大戦勃発前 1914 年当時の世界第１位植民地保有大国イギリスと第２位フランスの植民地地図にノーチラス号と『80 日間世界一周』ルートを重ねてみた。『海底２万海里』は 1869 ～ 1870 に発表され舞台は 1866 ～ 1867,『80 日間世界一周』は 1872 に発表され，舞台は 1872。この時代はまさにフランスをはじめとして欧米日の諸列強が植民地獲得と維持に奔走しはじめた帝国主義万延の時代。イギリスやフランスは日本が中国や東南アジアに侵略したころの侵略によって経済的苦境を脱け出そうとしたせっぱつまった感じはなくて植民地を拡げることに意義がある，世界を我が物に的なゲーム感覚に満ちたエスノセントリズムが横行した時代。ヴェルヌの前２作のルートはまだフランスによって植民地化されていない地域をなんとなく通っていてうがってみればそれらの地域の魅力を語ることにより植民地化の欲望を間接的に高めたと言えないこともない。

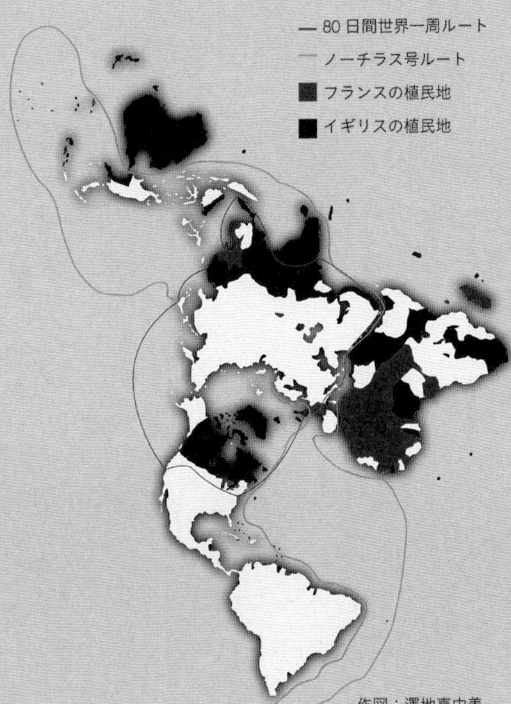

作図：澤地真由美

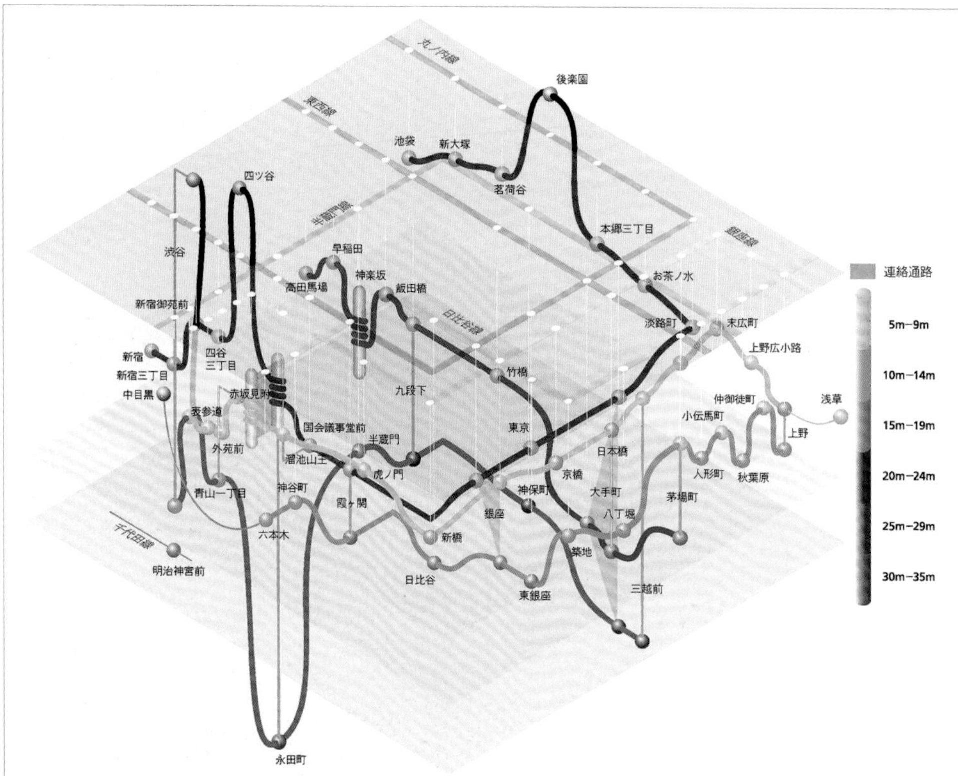

30

但潜艇行舟永远是直上直下的，所以我特别想做这样的垂直地图把潜艇实际走过的海底深度通过这个图来表现出来。当然航程中出现的各种事件、遇到的麻烦也随着行走路线一一展示出来。

《东京地铁深度表》

日本陆地面积小，所以是很浓缩的国土。地铁的设计其升降幅度也非常明显，中国可能没有这么多一会儿上又一会儿下去的情况吧。 那个叫永田町的地方离地面是最深的。日本地铁从一个站换乘另外一个站的时候，它的连接通道会有一个坡面，利用这个方法可以节能，所以不同的坡面高度有不同的信息在里面。

《幻方》

这也是一个大家不太熟悉的形状，这就是幻方。它的横竖和斜线都是同样的数字，就是加起来的和是一样的数字。为此你怎样排列数字，这是关键。跟踪排列的方式是用线来表示，就是 3 的幻方只有一种，4 的幻方有 888 种，5 的幻方有 100 万种以上，这只不过是其中的一例。这是 16 个不同的方法，下面是 25 的幻方。25 的幻方好像是无限的，实际上跟踪它的轨迹也能制作图表。

（图 32）大家大概觉得这个图形很奇妙吧，这是正 6 角阵，刚说的是 4 角，就是两个斜线还有横线。根据这些数字画线的过程中就能得到右边的图形。 你只是做这样的图形已经是很好的图表了。最后，先有 3 角，外面再放一个 4 角形，外周再放 5 角形，最终是 66 角形重叠上去，无限地接近圆，各个点，是一个螺旋。印度有梵天塔，有钻石立柱，上面有个圆盘，移动它去修行，这只是一个传说。移动的方法有个规则，不能把大的放在小的圆盘上，所以你就要不断把小的挪开，把大的放在上面，再把小的放上。为了能够高效地做这件事，就是 2 的 64 倍减 1，1 秒挪一次，也要 5600 多年。据说有个人的发明被印度国王认可，说给奖励，那个人就拿出一个盘子来盛，说第一个点应该 1 个，第二个点应该 2 个，第三个点就是 4 个，不断地增倍。国王说好啊，没什么了不起。给他的奖励就是小麦，一开始 1 个，然后 2 个，中间不断地增长，最后用了全世界的小麦给他也不够，是 2 的 64 倍减 1，那等于是全世界的小麦集起来的几百年的量，它哪能盛得下？这个很有意思，所以我也来一次。

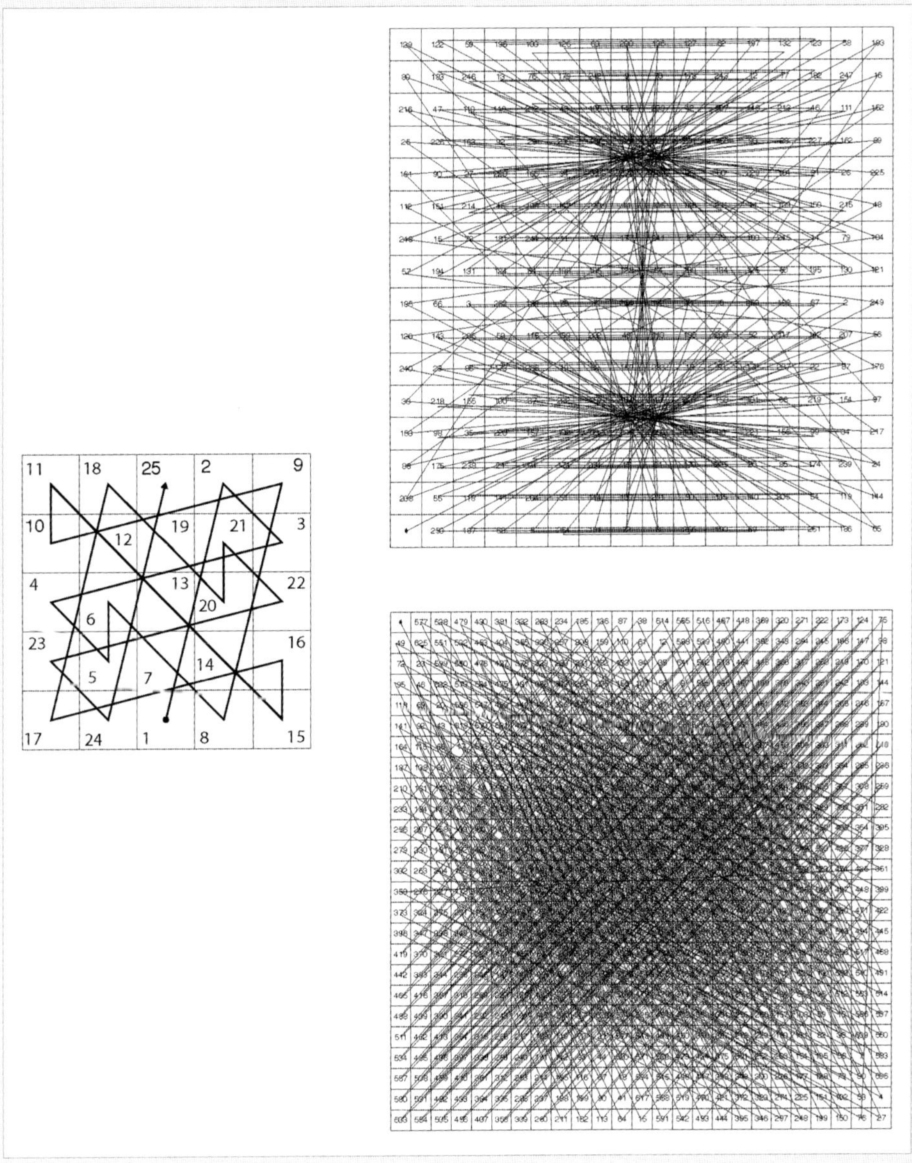

31

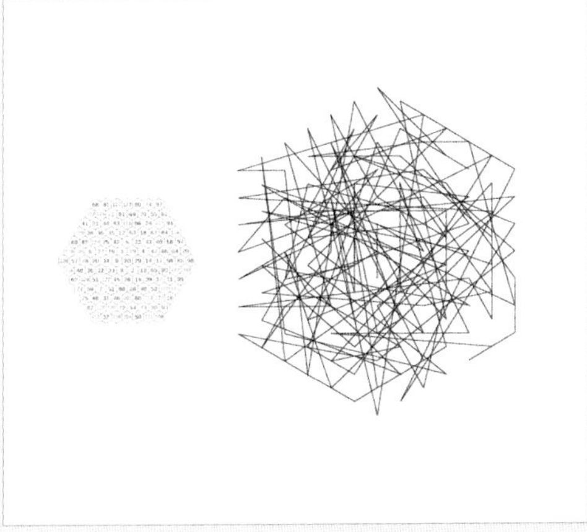

32

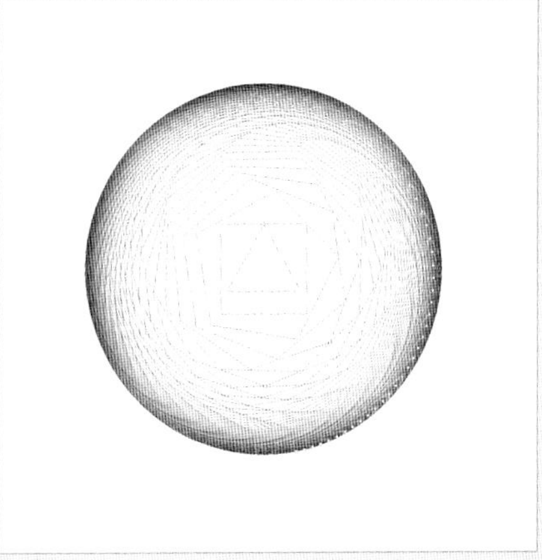

33

松田行正作品

30. 东京地铁深度表
31. 幻方
32. 六角阵
33. 梵天塔

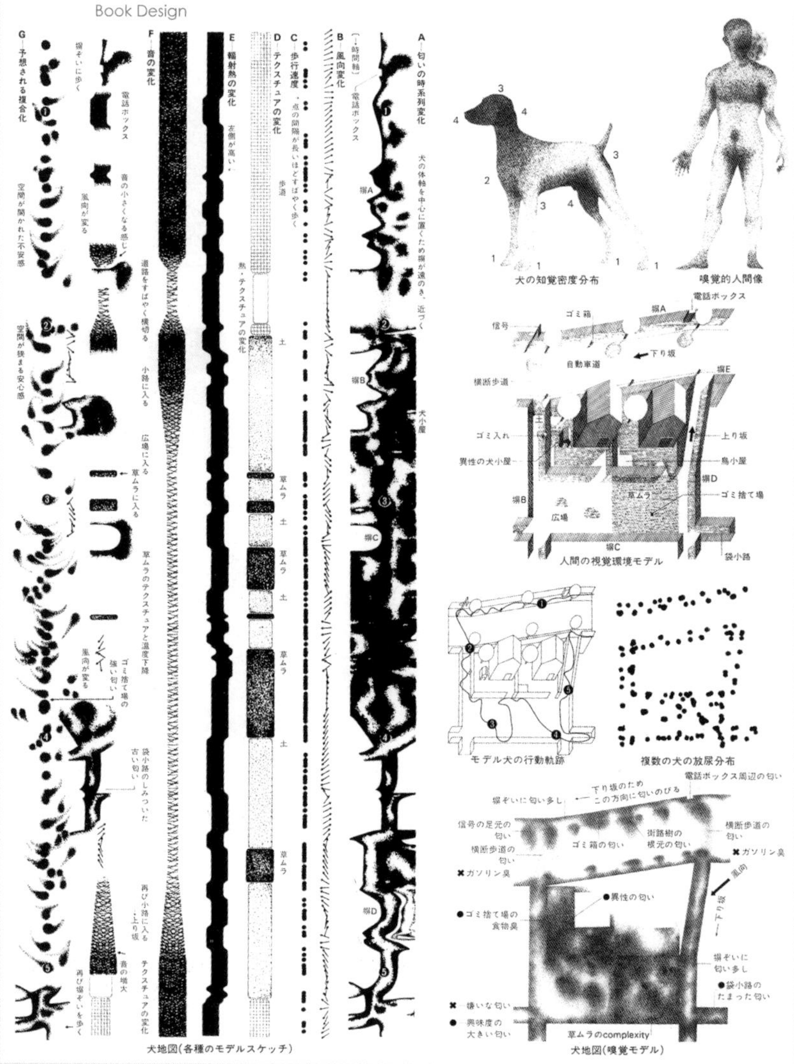

34

34. 杉浦康平《狗的嗅觉》

对话

杨林青　松田老师好，我看外面的展览有很大一部分是您做的图表，我发现日本的设计师都非常喜欢做图表设计。我想知道为什么他们有这样一种想法，他做这样一个设计对他的工作、对设计、对社会有什么价值。

松田　本来做图表是设计师应做的一个工作内涵之一，从草图落实到设计本身也是设计师必不可少的过程，所以或多或少设计师的工作中有分析、梳理的程序，其中也包括图表制作，实际上社会对图表有很大的需求，有很高的实用价值。我的图表还包含图表主题本身以外的多重信息，有丰富的阅读性和信息附加值在里面。所以图表设计是对设计师非常重要的一项素质要求。

杨林青　做这样的图表设计，您认为一个设计师需要有哪些条件？

松田　好好看书、多看信息、多看电影、多去美术馆，平时多去接触多层面的社会，浸泡在各种信息中。如果在互联网上你触键就可以得到信息，尽量去接触和自己无关的信息这也是必要的。实际上你不必要太深入，知道一点也行，但是方方面面都要知道，因为一个契机就可以让你通过网络了解其更深的层面，这是一种侦察能力。我是特别重视看书和看电影，电影也不用都看，看你喜欢的就行了，就这种感觉吧。

秦娜　松田老师，信息的收集，是从哪些范围上去寻找的？另外就是在收集这些资料的过程中，是以什

松田　先回答一个问题，你看，杉浦康平先生他做过一个狗的嗅觉地图，就是带着自己家的狗散步，这个过程中，了解狗怎样感知周围的味道。所以首先找自己身边的题材，由此来引申这个设计。能够做成什么样的图

么样的标准去评价自己收集的这些资料是否足够呢？

表，就看你能否收集到关注的信息、收集到了什么样的信息。今天首先可以通过互联网去找你关注的主题，先看你喜欢什么，从这里引申出来最好的，感觉到有乐趣在里面，你就自然而然地接触到信息了。

信息量多少没关系。即使每个信息并不充分，但是怎么样把这并不充分的信息用一个非常有趣的方式展示出来，用多个角度表达各种不同的信息，比如说某种统计学的统计图、柱状图，变一种形式来表示同样的信息，怎样有意地去改变，改变是关键所在。然后按照你希望的方向去改变，把这作为第一步。至于这个图到底有多少魅力，怎么样让它吸引人，是你后面制作的工作。

秦娜　那还有一个问题，图像里边相关图形的数值比例关系，哪些是从美观的角度去考虑，还有哪些是一定要按照精确的数值去反映的呢？

松田　我其实做这些图都是这两者同时进行的，包括从美观的角度，包括你对数据的考虑，都是平行进行的，但也有相对侧重。比如说东京地铁或者是伦敦地铁图，这个路线图实际上它完全无视实际地形位置，都是平行垂直和 45 度斜线的，距离多远的实际数值没有。因为那个图只是为了识别车站这样通俗的角度，决定图表的表达形式。大家可以找自己身边的事物，我想把它变得更好，然后把它制成图表。你们也可以把吕老师的课程表用你的想法给它改改，或者从平面到立体，就是这样过程的训练。

李栋　我比较过日本和欧美的这些 Infographic，我觉得日本的它的倾向是比较以大数据然后以复杂的逻辑关系呈现的，而欧美的形式可能更加有趣，然后图形化的形式感更强烈一些。在我个人看来，我觉得，在当今这个社会，如果需要传播的话，可能更多是借助电子的方式。那像 iPhone 已经采用了更轻的扁平化设计，Windows 8 也已经似乎是以色块的形式呈现，现在中国出现的可能最大的媒体就是微信，而这个信息图表的方式，我想，可能它需要在新的媒体上出现的时候，要做些什么样的调整？

松田　反正我觉得最重要的要素，是你要简洁易懂。其实我有时做东西，故意地要区隔，要与人不同，表达复杂的逻辑存在。我的追求还是非常易懂的简单的信息图。我最想看到的，就是自己身边的、贴近生活的这样的话题，会用这样的视觉方式呈现，我想看这样的一个结果。

可能微信上也会出现这种图表，会有它的一席之地。我的想法也有另一层意思，哎呀，什么都简单化，都看得一目了然，这是不是好事儿呢？有这样的一个疑惑。比如说现在都追求方便啊，到处都把有台阶的地方变成坡面或者是铺平了，这样的做法是不是好？实际上对人来说，有某种困难存在是好事。所以呢，我基本上是希望在某一个部分能够去创造这种谜，创造一个思考的空间。

现在实际上什么都在平均化，就是把一切都抹平。所有的事对大家都是平等的、平均的，实际上这样做的结果就是在向最低的标准看齐。我是有怀疑的。以我以上的想法，所以就把反映错综复杂思想的主题做成也许是莫名其妙的东西（图表），我这个角度可能也被人家看成是个问题。但是呢，不是简单化的，能够给人留下思考空间的作品，我也非常期待。

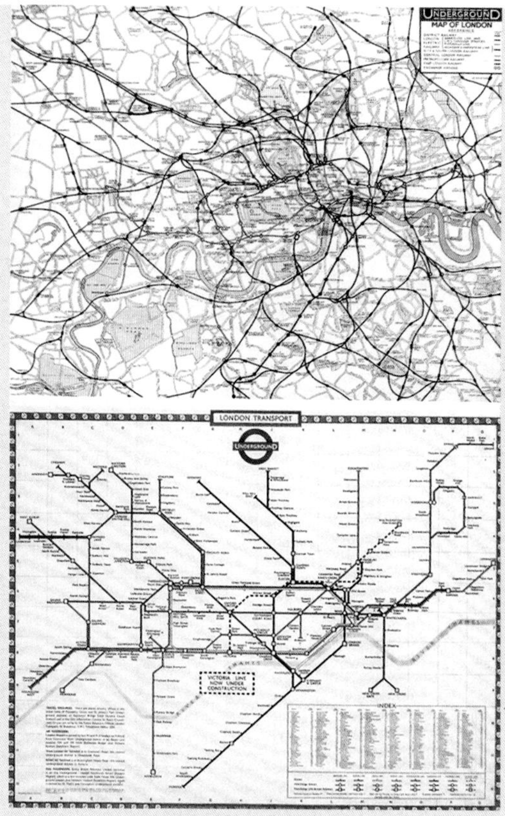

35

松田行正作品

35. 伦敦地铁图的变迁

36. 德国哲学家尼采鼓吹的所谓《超人》

37. 专制——监视你的一举一动 美英全球窃听网络系统

张申申 我想跳出图表本身的问题，就是说，杉浦老师讲书是具有五感的生命体，您也讲了一本书应该有它的物化的特点，就是说，吕老师也说了您业余时间做音乐，还有乐队。您认为音乐给设计上有何种启发？因为音乐分很多种类，像摇滚乐、古典、爵士，还有非常多。那对做书有没有产生一些效果？每个人做书会分很多的感觉，如音乐的节奏啊，这种调性啊，风格啊……谢谢！

松田 也许我开始做设计师的时期较好，20 世纪 80 年代初期兴起一股独立做书的风，一个人或者两个人就成立公司，就开始自由做书，这就容易形成自己的风格。因为你必须不断有自己的选题，否则你就干不下去。因为是独立在做杂志，就没有后台，就必须自己去努力开拓。如果是自己做选题，还要自己去写稿、采编，全部要身体力行才行。只有自己感兴趣的东西才能持续下去，自然而然就选择了自己喜欢的事情，我是在工作以外做着这些事情。然后就是比较习惯了这样的方式，更多地侧重自己喜欢的工作。一开始要找自己喜欢的事情去做。冷静地想想，大多数的事情都是挺麻烦的，你自己喜欢的事就不觉得麻烦了，这是个关键，首先是要喜欢它，否则就觉得很麻烦是个负担。你喜欢的事不会自己找上来，你要自己去发现它，在日本叫一见钟情，这样的话很多事情就不成为痛苦。30 多年做设计，其中每件事情尽量去找你喜欢的点，一开始自己做杂志，非常辛苦，你要是不喜欢就干不下去。渐渐形成这样一个习惯。

杨丽珍 您做的图表，是否专门是为某个项目所做的？

松田 一半是受委托，还有一半是杂志专门给我开了专栏，做图表，内容做什么都行，就一页。其中没有一个是我自己做完了放在那儿不用的，都是要发表的。

杨丽珍 现在我们很多设计人都不知道图表设计，一般直接做一个形象化的感性设计而已，所以现在是反过来，应该学习逻辑理性图表设计知识。我想请教个问题，现在

松田 时间轴很重要，可以作为一个主线。然后配上空间、环境、状态插进去，我觉得空间这个轴也很重要，立体还是平面表述这个也不同，你的表述方法不同。状态可以是多元表达的，比如柱状图式变成楼梯的递进式。两种不同表现方式完全可以改变你的印象。用平面也可以，不是什么都是立体表述就好，要视你的意图和结果而定。我也是在摸索，怎样

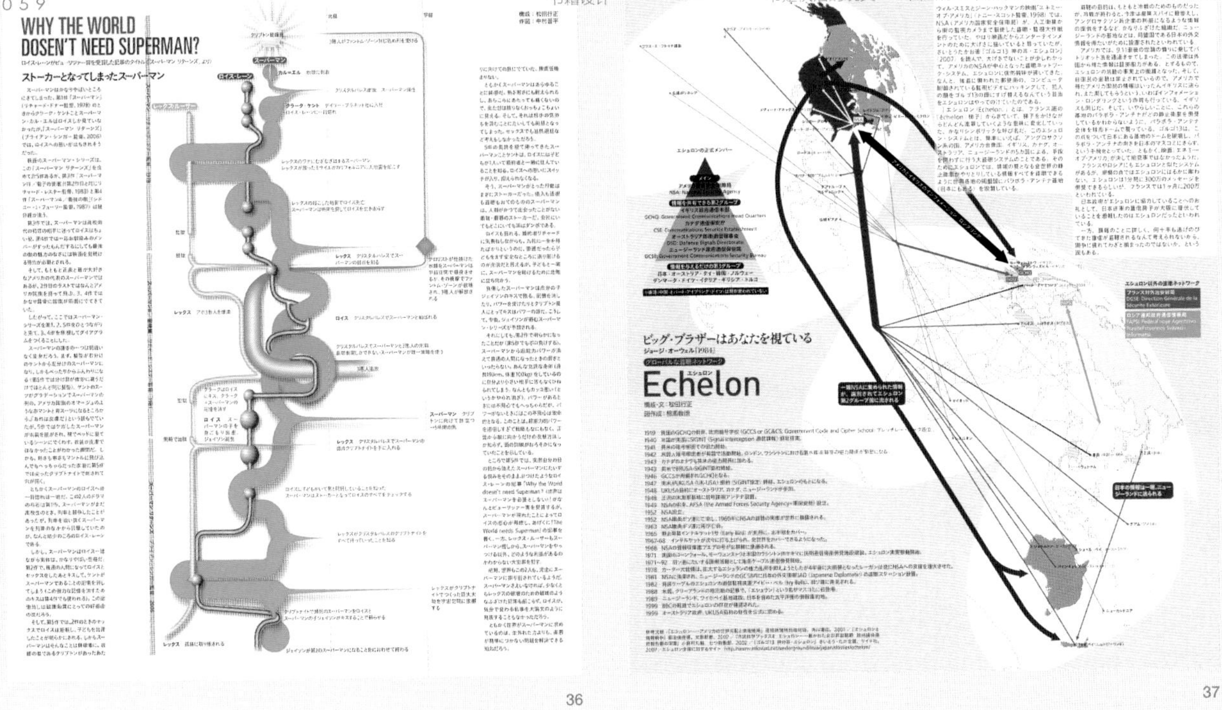

更好去表现。实际上所有的图表都能变成书，这是最好的。

我手里有四条线索：一个是时间线索、一个是空间线索、一个是环境线索、一个是状态线索，如果做图表的话，怎么来排这四个线索的轻重缓急，进行形象的设计？最终怎么把图表转化成物化的形式？立体的表述是什么状态？平面的表述是什么状态？

我现在想起来小学的时候老师布置了一个作业，要你表述你妈妈一天的时间表。我是用了 30 天时间仔细地把妈妈每一天作息记录下来，所有统计的数据出来了，现在看来没什么，但这是我第一次的图表制作体验。

实际上我们完全可以找到自己身边的、能够了解和把控的主题做训练。比如说对班上 50 个人都采访，整理后图表化，这都是随时可以做的事情。我还是觉得刚才我说的那个建议是比较有魅力，就是把吕老师的课程图表重新做一下。

刘硕　看了松田老师的图表，有的会不会因为信息量太大了反而出现不易懂？因为我们一般做图表就是为了更方便来看信息。请松田老师做一下讲解。

松田　确实你说的是对的，信息量太大可能不好懂。正如你说，我做的那些电影图表，人家就说，你这是什么呀看不懂。其实我反而想做一个让你更看不懂的东西，当然依内容而定。我的电影图表，没看过电影的人肯定是看不懂的，所以我和人家简明易懂的图表反方向思考，允许看上去比较复杂，我在做的时候基本立场是做到我满意为止。杂志社每个月给我一页，主题由我定，这一页我就是做这件事情。但是渐渐的人们有点变化，认为这个图表不好懂，但是有意思，出现了这样的情况。

刘开芳　我是从去年开始关注信息化设计的。觉得它不单单是设计美化的工作，还有着庞大缜密的社会学的思考。想让老师谈一下，图表设计师应该具有哪些素质？

松田　本来我就对社会性、历史性的东西很关注，所以这些都是我基于长期的历史关注，不只是一时的片段拿出来就可以了，那会失去总体的这个概念。所以我时常做历史的回顾，自然而然地形成这些图表的主题。总之要有一个出发点，然后你感兴趣的话，再上溯到历史或者未来。

赵军　在日本为什么会形成这样一种图表文化？中国好像没有这么流行，在中国尚未形成这样一种阅读群。日本这样的图表文化，是怎样一步步形成的？

松田　这是一个很难回答的问题。日本设计成为一个独立专业，首先，是因在20世纪60年代举办了一个世界设计大会这个契机，从此人们认识到有design这样一个领域；其次，一个大契机是东京奥运会，在东京奥运会期间投入大量的设计活动，图形设计能够更深入人心；再者，就是杉浦康平先生到德国乌尔姆任教，同时也吸取德国的东西，比如说图表。在那里他觉悟到不仅要做书的封面，还要主动做书的内容，结合起来做书的整体设计。他回国之后推广了这些思想，这都成为很好的契机。而且他把字体照排的应用表通过一个文字制作公司出版了，可以说这是在日本首次出现的图表式的一本书。这是60年代后半期，从此以后这种做法就被普遍认知，并被理所当然地接受，明白语言可以转化成视觉的形象。我觉得，可能是从那以后才形成了日本今天所谓的图表文化。另外日文本身就是汉字加上平假名、片假名、英文字母，所以很视觉化，欧文字母本身是个听觉性的文字。所以日本的文字更容易进入图表设计，也许中国更有这方面的潜质。

杨林青　刚才吕老师让我和大家分享一下松田老师的图表设计。因为我也做图表。做图表的价值在哪儿？为什么要做图表？图表有很多的功能，地铁上的图表是有导视性的，在最简单、最快的时间内得到更好的信息引导。松田老师做的图表相当于杂志中的专栏。有时我们用一篇文章可以写好，但是为了让人们以图像的方式，系统地整理繁复的信息，用一张纸就可以解决问题，而用文字的话可能需要几千几万字。它实际是一种专栏的视角，这也是一种图表的方式。比如经济专栏有的文章是用图表来做的，在国外的杂志中非常多。还有一种是简单的图表，比如经济数据、矢量化的参数，是希望通过很简单的一种图形表达背后的一种对比，让你很清楚看到的对比。比如最简单的饼状图，就能显示出比较的关系，它不是把关系图解化，背后还隐藏着一种可分析的结果。

图表是多种多样的，随着诉求方式不同，传递的形式也不同。不要把地铁的图表和他做的图表进行对比，以为做的不是一个载体，它们所充当的功能也不是一种，所以不能混为一谈。但它们都有同一种功能，都是去转换人们获取阅读信息的一种方式，但是通过这种方式获得可能更容易。它不是一个简单的图解，所以这里有很多的知识需要大家去探讨。

吕敬人　刚才松田老师给我们展示了很多他经过精心积累、调查、分析、整合再进行视觉化设计的图表。他的主题都比较宏大复杂，所以我们看后有点儿恐惧，担心我们自己的能力，能不能做好。刚才大家踊跃提问，证明已经开始关注并对这一领域产生兴趣。万事总有一个开始，记得刚到杉浦老师工作室，他让我排一个课程表的格式，我真不知从何处着手。其实这就是图表设计的启蒙训练，一种意识。图表设计非常重要的一个关节点，就是找对比。什么叫对比？对比就是矢量的差额关系。多少、大小、长短、粗细、强弱、曲直、快慢……还有空间、时间、年代、过程，看得见的具象、看不见的抽象，生活中无处不在。我们随时可以找到用来演绎图表的最基本的矢量关系，杉浦康平老师曾经让同学在 π 的数值中找到其中有规律的数值关系做成一张张有趣的图表，来寻找某种规律。刚才松田老师说到杉浦老师做的狗的嗅觉地图、世界四大料理味觉地图，把视觉感知不到的味道能做成可视化的信息图表。所以，不必畏惧做图表，杨林青老师、刘晓翔老师，他们在做书的时候时刻都拥有这种意识。平时长期观察社会、历史，关注事物、事态的思辨等等，当你在做书的时候，你所掌握的知识就会触类旁通地灌入你的设计当中，即使是一本普通书也要具备这种意识，而我们有些出版人是不理解的，认为给他添麻烦。我觉得杉浦老师做图表的起因，不仅仅是为了表达自己的信息设计观念，也是为了读者更好地理解信息留住记忆，这是书籍设计区别于装帧的一种责任担当，这正是上这一堂课的意义所在。感谢松田行正先生。

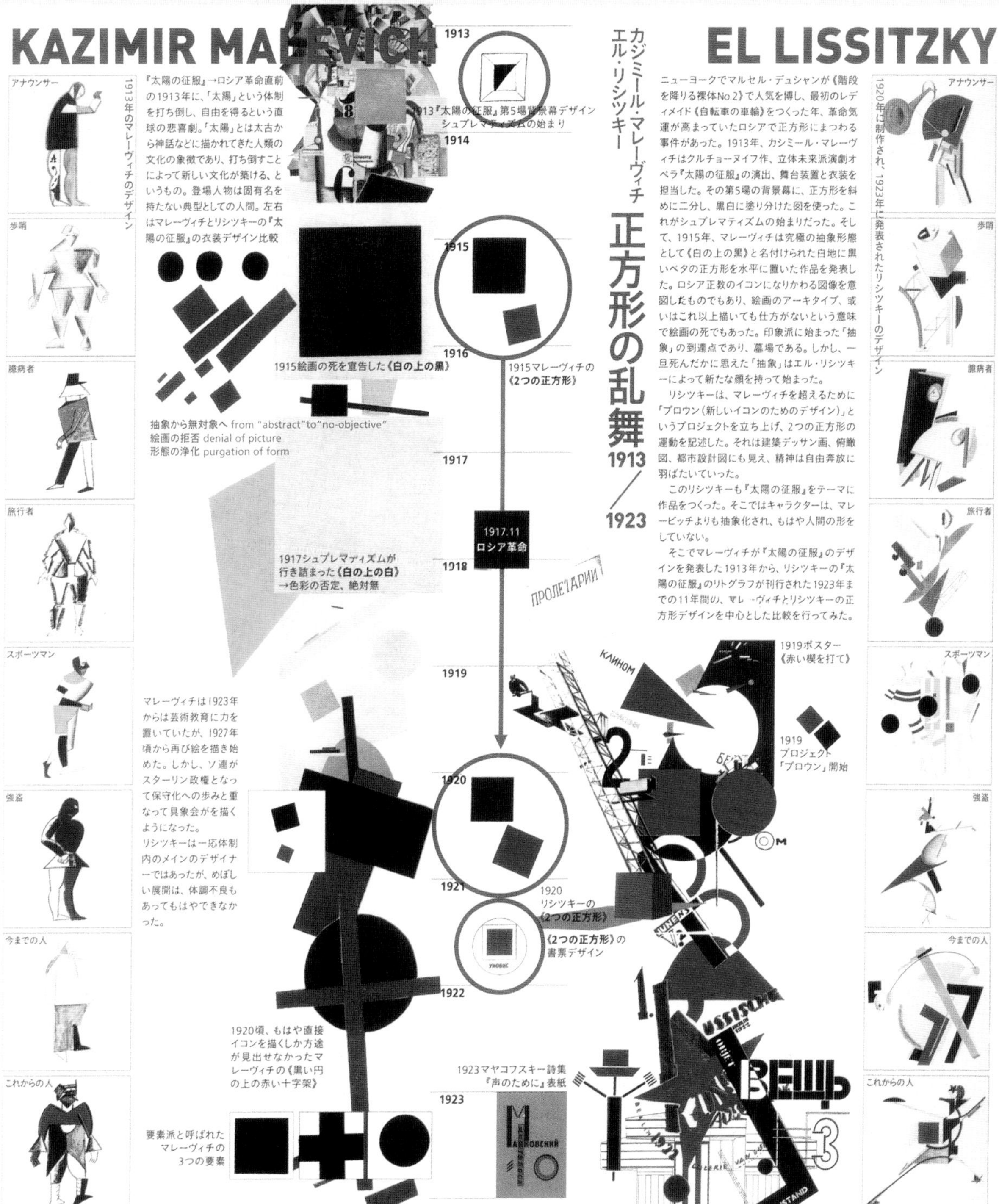

38

松田行正作品

38. 正方形之群方乱舞 1913—1923

艺理论说

交互式数字出版物设计

费俊

费俊

艺术家／设计师／教育者

曾就读于美国阿尔弗雷德大学艺术与设计学院电子综合艺术专业并获得硕士学位。现任中央美术学院设计学院数码媒体工作室副教授、交互艺术与设计专业方向研究生导师、交互北京发起人、某集体首席创意总监。

以艺术家、设计师和教育者的多重身份致力于交互媒体艺术与设计研究，实践涉足数字艺术、交互艺术、体验设计、交互设计、数字出版、界面设计和其他未知领域。

2005 年开始在中央美术学院教授交互设计、移动媒体内容设计等课程，并为故宫博物院、奥迪中国研究院、时尚出版集团等机构主持了大量移动应用程序和交互空间装置的设计和研发等。

获得的奖项和成就包括：中国书籍装帧艺术展览一等奖，中国设计艺术大展金奖，“设计挑战”国际数码设计竞赛最佳整体设计奖、最佳移动设计奖，2012 天鹤奖银奖，2011 亚洲出版大赛（平板电脑类出版物）优秀奖，等等。艺术及设计作品多次参加国内外艺术及设计展览，包括 20 世纪华人平面设计百杰展、20 世纪华人 CI 设计百杰展、首届国际新媒体艺术展、法国雷恩“对页”艺术书籍设计邀请展、日内瓦当代艺术中心“复制的模式”艺术书籍设计邀请展、美国纽约“二十五街上的阿尔弗雷德展”、德国奥芬巴赫“第一届德中平面设计双年展”、法国巴黎“视频候选人名单／梦的机器”录像艺术展、亚洲路标——丰田艺术计划、第一届北京新媒体艺术节、重力场——2011 喜马拉雅跨媒介艺术节、“化身世外” - onedotzero 国际多媒体装置展、“智慧城市”国际信息设计展等。

纸质书会消亡吗?

2010 年 9 月 10 日，纽约时报公司董事长小亚瑟·苏兹伯格（Arthur Sulzberger）在国际新闻峰会（International Newsroom Summit）上表示：“我们将在未来的某个时间停止印刷《纽约时报》，日期待定。”《纽约时报》将主要通过网络版来吸引读者和拓展营收来源。根据一份英国出版业 2012 年度销售报告显示，电子书增加了 336%，纸质书下降了 10%。更有行业预测显示，到 2015 年年底，50% 的杂志及报纸将以数字出版物形态进行发行，也会有 50% 的移动终端用户更愿意在屏幕上而不是纸张上阅读杂志和报纸。

整体而言，数字出版物的增长以及纸质书的减少是我们不可忽视的大趋势。但是如果仔细分析纸质书的销售数据，我们也会发现另一个现象，纸质书里的儿童图书、画册等的销售下滑是相对小的。我认为这一现象背后的原因之一是纸质儿童图书和画册类图书具有很强的实物美感，数字出版物或许可以轻易地复制书中的内容，甚至可以通过动态、声音等手段来提升内容的表现力，但是富有装帧美感的纸质书所具有的阅读体验却是无法被数字出版物所替代的。我们有理由相信那些装帧精美且具备收藏价值的图书永远都不会消失，而那些只是以传递信息为主体的出版物，如报纸、杂志和教科书等将日益消亡，取

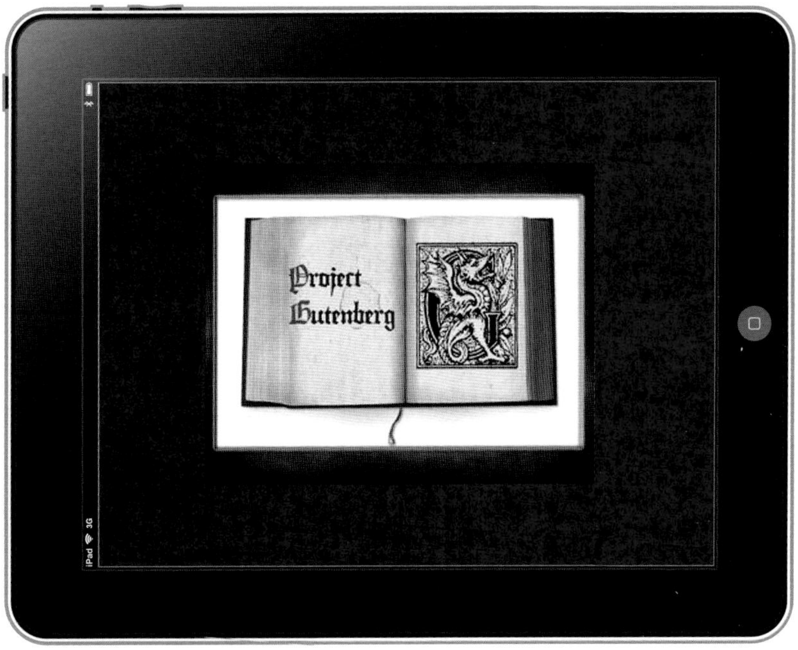

1.《独立宣言》

1

而代之的则是具有更佳传播效能、更能满足用户需求的数字出版物。

数字时代的阅读

数字革命所推动的第三次工业革命正在深刻地改变着所有的传统产业。而出版作为人类重要的知识传播产业，其数字化的进程也是人类进入信息化时代的重要标志。那么数字出版给我们带来了什么？数字出版带来的绝不仅是信息的数字化，使得大家可以更加便捷地获取内容，这只能满足最基本的需求；数字出版还激活了两个新的价值，首先是新的阅读体验，数字时代的阅读体验正在不断地延展着，阅读从以视觉为主导的体验将演变成视觉、听觉和触觉等多感官的体验。另一个重要的价值是新的表述方式：一方面数字手段极大地扩展了内容的表述方式，从传统的图文到今天的视频、音频、游戏、增强现实等富媒体形式；另一方面，以交互式叙事为手段建构的内容也将成为数字出版物的重要特征，这种非线性的叙事方式将打破传统叙事的固定逻辑结构，通过用户和内容的交互形成了可变化的、多线程的甚至是多结局的内容结构。

数字出版的基本概念

数字出版（digital publishing）也称电子出版（e-publishing），泛指以数字手段进行制作的出版物及发行方式等。数字出版物主要包括电子图书、数字报纸、数字期刊、数字教材、数字音乐、数据库出版物、手机出版物等。

数字出版物的诞生

鲜为人知的是最早的数字出版物距今已经有 40 多年了。1971 年，由迈克尔·哈特发起的古腾堡项目 /Project Gutenberg 制作了世界上第一份数字版本的《独立宣言》，而且这是第一份通过互联网出版的数字出版物，更重要的它是免费的，人们可以无偿地在线阅读和分享。在大量的志愿者和合作伙伴的支持下，古腾堡项目今天已经可以提供超过 4.2 万本免费数字图书，应该说古腾堡项目不仅是出版历史上的一个重要里程碑，它也同时引发了大量关于在线出版物版权保护的关注与讨论。

20 世纪 80 年代：光盘年代的数字出版

自从 1982 年第一张 CD-ROM 光盘开始投入商业应用，不仅娱乐产业看到了用它来作为音乐和视频存储介质的好处，出版业也进行了大量的尝试。在那个年代，依然只有

2

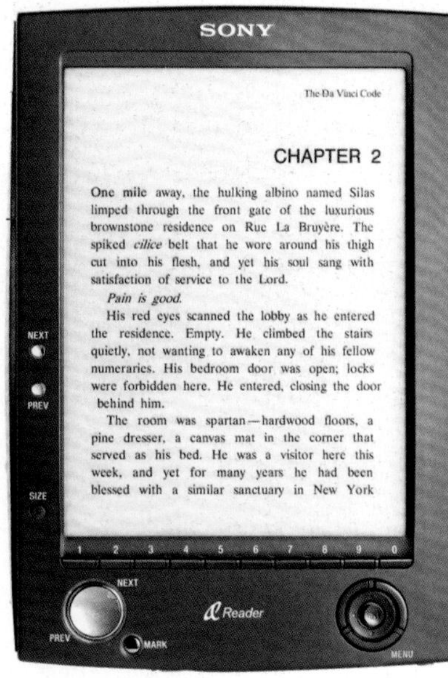

3

4

2. Rocket eBook
3. Sony Reader
4. Kindle e-reader
5. iPhone 和 iPad

极少数的人能够随时享用互联网，所以这种不依赖互联网的光盘出版物在当时曾经流行一时。

20 世纪 90 年代：混乱的 eBooks 电子书时期

尽管那时的电子书技术只能支持以文本为主的简单呈现，但是随着互联网用户的快速增长，电子书开始成为网络上的重要消费内容。1998 年互联网上出现了第一个销售电子书的商城，开始吸引了不少出版社和作者尝试用这种新型的方式来销售小说等出版物。20 世纪 90 年代也可以说是数字出版的试错期，这 10 年诞生了各种奇奇怪怪的阅读设备，比如 Rocket eBook、Cybook 以及被定义为个人数字移动助手 (Pad) 的 Palm Pilot 等，但是这些设备几乎都是昙花一现，由于数字格式的不统一、用户体验差，加上数字内容的匮乏，电子书并没能帮助出版业实现产业升级。

2000 年：E-reader 电子阅读器的革命

2003 年索尼推出基于电子墨水技术的 Sony Reader，可惜销售并不成功，而拥有海量内容的亚马逊推出的 Kindle e-reader 获得了极大的成功，由于优良的用户体验、无线连接的线上书店、廉价的电子书价格等优势，Kindle e-reader 得到了大量普及，也急速地拉动了电子出版物的销售。在 Kindle 推出的同时期，搜索“巨人”Google 谷歌也做了一项艰苦却意义重大的工程，这个被称作 Google Books 谷歌图书的项目，是靠大量的工程师帮助把大学图书馆收藏的图书扫描成了可以被搜索的 PDF 数字图书，他们建立的数字图书馆中收集了数以百万计的数字图书，成为互联网上重要的数字出版资源。

2010 年：移动数字出版的新纪元

苹果公司 iPhone 和 iPad 的诞生可以说是数字出版发展的重要里程碑。iPad 既具有良好的个人电脑性能，又拥有阅读设备的舒适尺度，乔布斯不仅开创了平板电脑的世界，更是打造了一款可以提升阅读体验的完美设备。移动设备以及移动应用的普及，推动了数字出版向移动数字出版的进化，使得移动性的阅读成为常态；而微博、微信等社交媒体的流行，也使得社会化的阅读成为趋势。大量美轮美

5

奂的移动应用程序启发了人们对体验的追求，读者也不再仅满足基于 PDF 等静态化的数字内容格式，越来越多的出版物开始以应用程序的形态被生产出来，这些出版物善于结合富媒体的表现形式，强调内容和读者的互动性，开启了数字出版与移动终端融合的新时代。

交互式数字出版物的诞生

从数字出版的发展历程中不难看出，只是对于出版物简单的数字化制作已经很难适应读者对于阅读的需求。交互式数字出版是指以用户需求为中心的理念来重新定义的数字出版，是互联网思维与出版行业的融合。

世界上第一本数字出版物《独立宣言》就是以互联网而发布的，数字出版的发展一直是与互联网技术的发展紧密关联着的，无论是早期的在线数字出版物、CD-ROM 光盘出版物、电子阅读终端，还是到今天大家熟知的 iPhone、iPad 和 Kindle 等各种移动终端，互联网对出版业的影响不只是传播载体的变化，更重要的是思维的转化。

互联网思维的影响让我们开始重新思考什么是读者，以及在信息时代读者的需求是什么。传统意义上的读者——顾名思义“阅读者”，强调的是以阅读为核心的行为；而随着互联网尤其是移动互联网的发展，出版以及出版物的定义开始变得模糊，从早期的博客到现在的微博和微信，还有大量无法界定的内容型的应用程序，从广义上它们也属于出版的范围。而随着出版物的形态不断延展，阅读行为也在不断扩展着，一本“书”不仅可以读，也可以用，或者可以玩。它可以是数字出版物中的一个实用工具，比如：一本理财图书中的理财计算器，可能成为读者非常实用的理财工具；一本时尚杂志中的在线购买功能，读者可以在阅读内容的同时在线购买心仪的商品；一本历史教材书中的游戏，在娱乐中获取知识……还有，如笔记分享、社交等由阅读衍生出来的更多维的需求，这让我们不禁思考“用户”是不是更适合描述我们今天的“读者”。

交互式数字出版物形态

基于移动终端的数字出版物是指以平板电脑（如 iPad 和 Kindle）、智能手机（如 iPhone）以及其他移动终端设备（如 Nook 阅读器）为阅读载体的出版物，这些出版物的形态非常丰富，通常会受到移动终端图形用户界面特点的

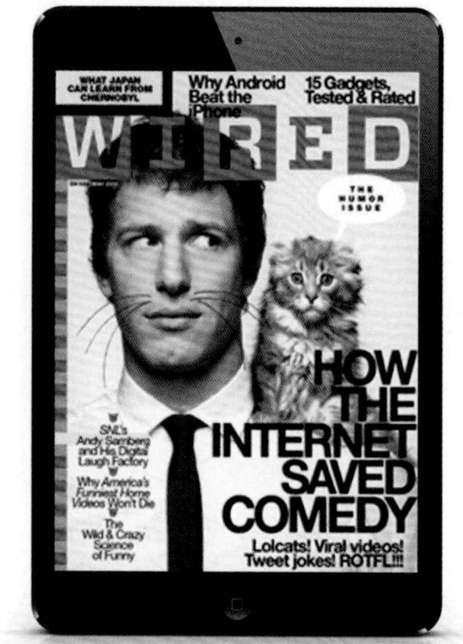

6

6.7.8.《Wired》iPad 数字杂志

9.《The New York Times》

7

8

影响。例如由 iPhone 首创的基于触摸屏的多点触控界面，形成了大量基于 iPad 的出版物，在与内容的交互中采用了手势触控的设计，《The Early Edition 2》的 iPad 应用中巧妙地应用了双指旋转的触控手势来启动内容订制功能。移动终端以及操作系统的差异性在不同程度上影响了数字出版物形态的多样性，而硬件或软件的不断更新也不断推动着出版物形态的演变。

数字出版物形态的多样性和可变性使得分类工作十分困难，不过我们依然可以试着从版面形态的角度来试着进行归纳，如果我们画一个横向的两点一线的图示来象征版面形态的类型图谱，横线两端的两个端点则分别代表着两个典型：一端是以视觉主导的，例如画册和儿童绘本，每一页都可能有独特的设计原则在其中，无论是排版还是字体的应用都非常灵活多变；而另外一端则是以文字信息为主导的出版物，例如报纸和小说等，页面的排版设计通常遵循着严格的排式。而处在两端之间的还有大量的混合形态，例如以图文混合为特征的杂志，可以将严格的网格系统以及自由的版面设计结合使用。

对于版面形态的需求差异推动了版式型和流式型两种

9

主要数字出版技术的形成。以视觉为主导的数字出版物通常采用的是版式型数字出版工具，如 Adobe 公司推出的基于 Indesign 的 DPS[1]，这类工具能够最大限度地支持设计师自由地设计版面和视觉效果。参考案例如美国《Wired》iPad 数字杂志，《Wired》是由 Adobe DPS 制作出来的最早的交互类数字杂志之一，这本杂志成功地把丰富的多媒体元素融合进数字杂志，在扩展了杂志阅读体验的同时，又有效地保持了杂志的阅读属性以及它独特的版面设计风格。而以文字信息为主导的出版物则通常采用流式型数字出版技术，如 Apple 公司出品的 Pages，因为这类出版物强调信息发布的效率，它很难去满足非常个性的排版设计，流式型的出版物的典型案例可以参考 iPad iBooks 中的 EPUB 格式的书籍或者 Amazon Kindle 电子阅读终端中的书籍。流式型出版工具的核心是基于模板的出版物生成工具，设计师的工作不是基于固定版面的静态设计，而是基于流动版面的动态设计，设计师要负责设计版式模板，包括排版规则和字体样式等，而工具会基于版式模板来自动生成页面；流式型出版物的另一个重要特点是其版面的可变性，版面中的文字及图片等视觉元素会随着阅读终端分辨率的不同而自动产生流变，比如版面中的栏数、图文比例等会发生变化，以形成对不同阅读终端的视觉适配。

《The New York Times》是世界上最早投入跨媒体、跨平台和跨设备出版技术研发和实践的媒体之一，是一个最为典型的信息主导型媒体，应用了基于流式型技术的快速出版平台，这使得《The New York Times》能够高效地生成和发布内容。数字出版物的版面不再是靠设计师一页一页排出来，由记者或编辑录入的文本、图片或视频等信息，会通过各种对应的版式模板自动生成页面，并按照预设的设计规则来形成对不同设备或操作系统的版面适配。

交互式数字出版物典型案例

作为交互式数字出版物的先行者，《Wired 连线》杂志是世界上最早的一本交互式数字杂志，它有效地把文本、图

[1] DPS 是 Adobe 公司推出的 Digital publishing suite 的首字母缩写，中文直译为数字出版套件。Adobe DPS 是 Adobe 公司 2010 年正式推出的数字出版解决方案，DPS 能将多媒体内容发布为移动设备可用 APP 的封装软件。Adobe DPS 是一套出版商可用来在平板设备（如 Apple iPad）上创建和发布应用程序的工具和托管服务。作为一套整合和提高数字出版工作效率的软件，Adobe DPS 的解决方案还包括对杂志订阅用户的数据分析和数字广告投放的管理等功能。

MARTHA STEWART
Living
bring on beautiful!
COLORFUL, CREATIVE IDEAS
to try today

10

R
OOMS IN BLOOM

11

Salads, the Remix
A few fresh tweaks bring out the best in classic combos, reminding us why we loved them in the first place.
NEW WALDORF SALAD
THE ORIGINAL: no grapes, no lettuce, mayonnaise
THE TWIST: roasted grapes, frisée, vinaigrette

12

iPad
1:02
86%
PROJECT
SOUNDS
SINGTANK
SOUNDS
THE VOICE THAT CONQUERS ALL
PROJECT
SOUNDS
BOMBAY BICYCLE CLUB
SOUNDS
ONES TO WATCH IN 2012
PROJECT
GAME CHANGERS
PROJECT
STEVE BUSCEMI
PROJECT
HUGH JACKMAN
PROJECT
AAA
WORLD EXCLUSIVE
58% DISCOUNT
SUBSCRIBE NOW
HOME
LIBRARY
VIEW
ACCOUNT
PROJECT
MAGAZINE
CLINT EASTWOOD
DIRECTING AMERICA THE GOOD THE BAD AND THE UGLY

13

14

10.11.12.《Martha Stewart living》
13.《Project》
14.15.16.《Flipboard》

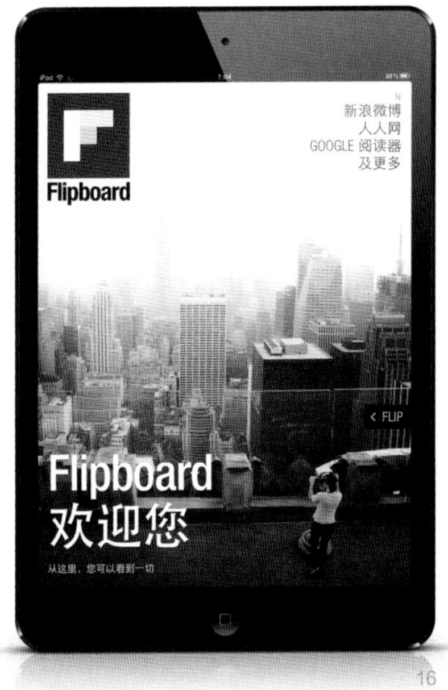

16

15

片、视频、动画和全景 360 等多种媒体的元素结合在一起，形成了既带有原纸刊鲜明的视觉基因，又富于交互趣味的全新阅读体验。

《Martha Stewart living》是一本美国生活类的杂志，从它的数字刊可以体现出，编辑能非常娴熟地驾驭视频、序列帧等数字媒体手段，这些富媒体的使用十分贴切，大大丰富了刊物的叙事方式以及内容的表现力。

《Project》是最早的一本出身于数字的杂志，它为 iPad 而生，没有纸本杂志。也就是说从最初他们创刊的思路到编辑的手段是一个完全数字化的编辑思路，所以它不会受到纸本内容和体例的限制。

《Flipboard》是一个成长非常快的基于互联网内容的社会化杂志，《Flipboard》本质上是一个互联网内容的阅读器，它把互联网的阅读体验还原到杂志的阅读体验，用户可以像翻阅杂志一样来浏览互联网，它的社会化特别体现在其内容的开放性，用户可以通过这个产品在互联网中订阅感兴趣的内容，并形成个性化的杂志目录。

《The Early Edition 2》，也是一份有个性订制功能的数字报纸，它的界面所应用的拟物化设计非常极致，甚至有些偏执。这个应用程序刚打开的时候，是一个卷着的报纸卷，就像清晨投递员投到你家门口的报纸卷的模样。这本杂志不仅用动画手法惟妙惟肖地模拟了投递报纸的体验，它还在视觉上追求着报纸常用的新闻纸的肌理，细心的读者还会发现在纸张的边缘上浮现的轮转印刷机留下的叼牙痕迹。在内容分享功能中，一个信封封口的动画既惊喜又恰当地体现了分享的意向。这个试图通过数字手段还原物理世界体验的精致产品，营造了一份十分温暖的阅读体验。

《Astronaut》是一本非常另类的视频杂志，也是在数字出版物中融合多种媒介的一种有益的创新探索，视频与图文的结合确实形成了杂志鲜明的叙事风格，遗憾的是由于每期杂志中植入了大量的视频而体量庞大，使得用户下载的体验不佳。

《POST》是一个非常值得研究的交互式数字出版设计案例，它的每一期杂志都有一个特定的主题和气质，使得这本杂志多样却不杂。这本纯数字杂志的团队成员专业背景非常多样，视频、程序、音乐、摄影……这样的多元基因使得他们成为一个追求交互式叙事的团队。他们也很善于

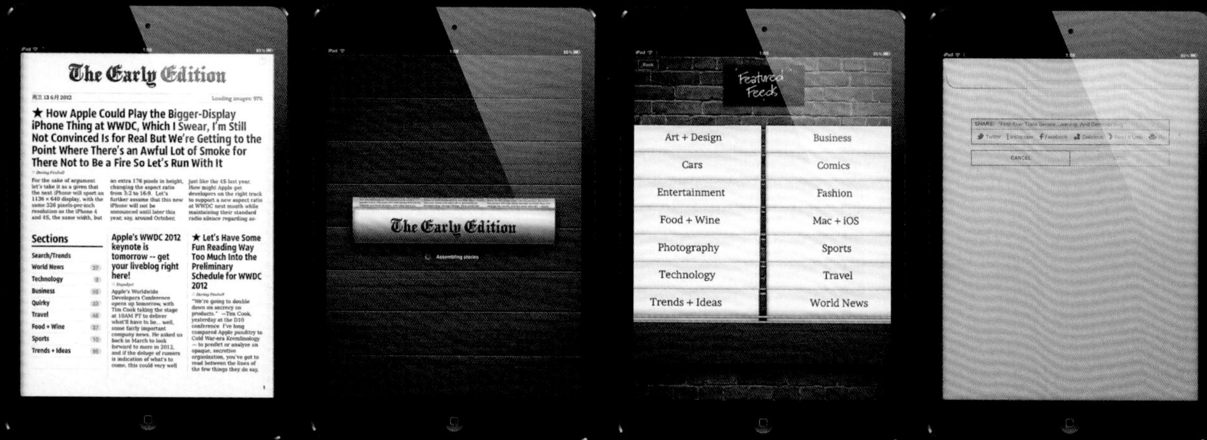
The Early Edition
How Apple Could Play the Bigger-Display iPhone Thing at WWDC, Which I Swear, I'm Still Not Convinced Is for Real But We're Getting to the Point Where There's an Awful Lot of Smoke for There Not to Be a Fire So Let's Run With It
Sections
Apple's WWDC 2012 keynote is tomorrow -- get your liveblog right here!
Let's Have Some Fun Reading Way Too Much Into the Preliminary Schedule for WWDC 2012
The Early Edition
Featured Feeds
Art + Design
Business
Cars
Comics
Entertainment
Fashion
Food + Wine
Mac + iOS
Photography
Sports
Technology
Travel
Trends + Ideas
World News

17

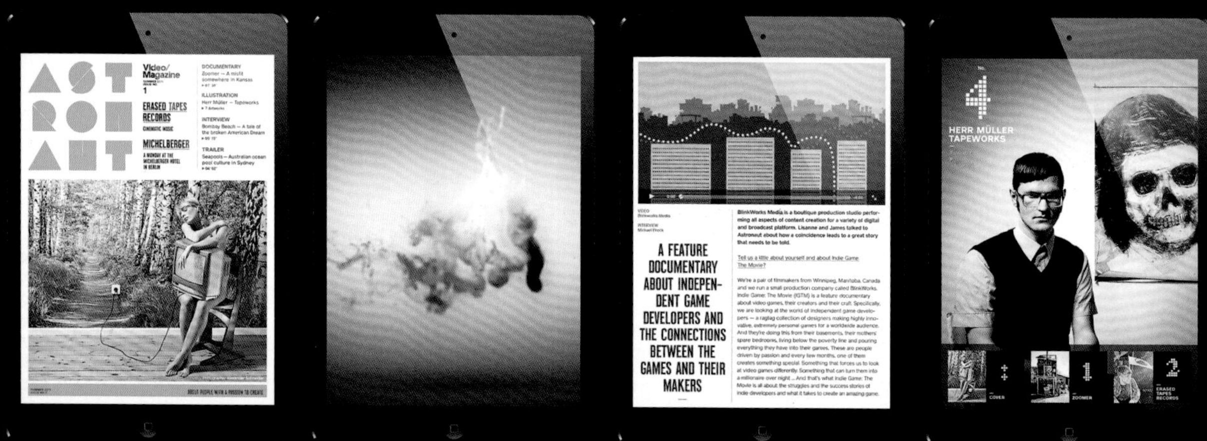
ASTRONAUT
Video/Magazine
ERASED TAPES RECORDS
MICHELBERGER
A FEATURE DOCUMENTARY ABOUT INDEPENDENT GAME DEVELOPERS AND THE CONNECTIONS BETWEEN THE GAMES AND THEIR MAKERS
4
HERR MÜLLER TAPEWORKS

18

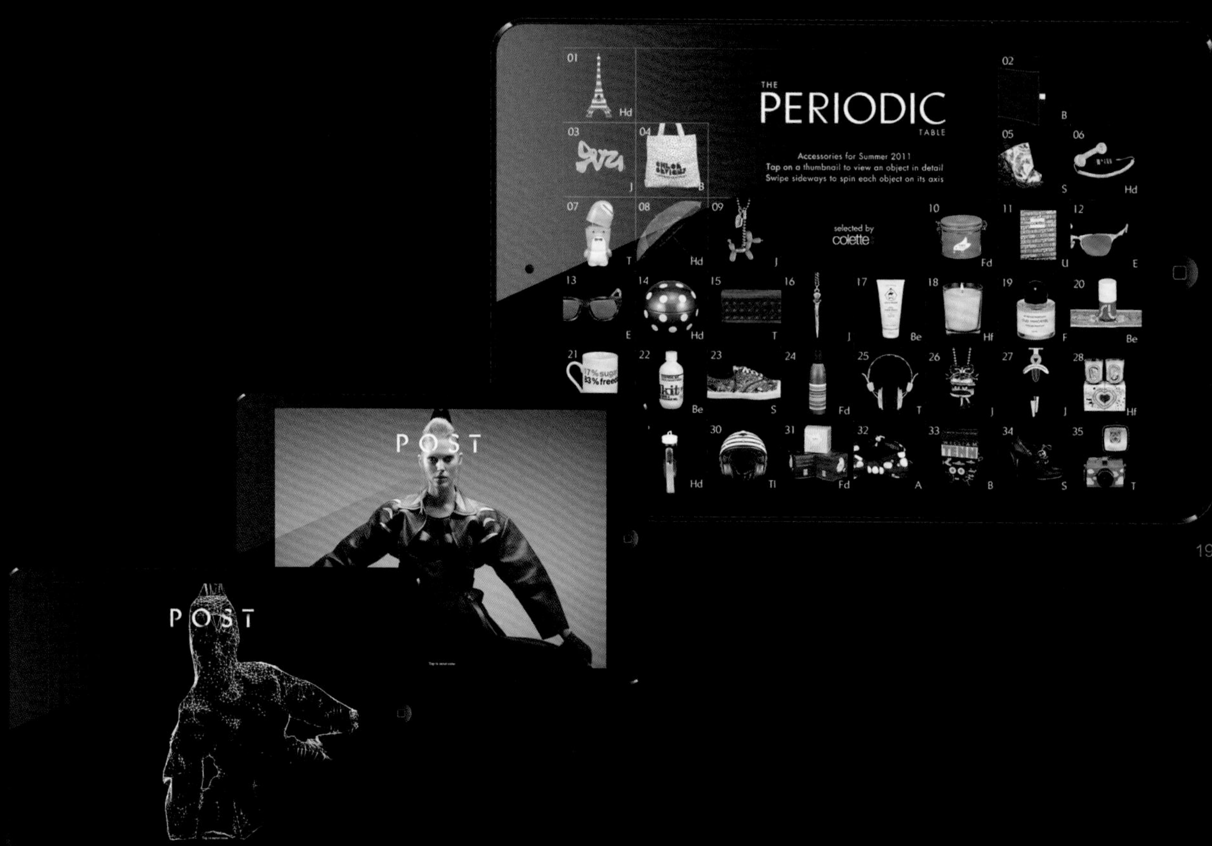
THE PERIODIC TABLE
Accessories for Summer 2011
Tap on a thumbnail to view an object in detail
Swipe sideways to spin each object on its axis
selected by colette
POST
POST

19

20

17.《The Early Edition 2》
18.《Astronaut》
19.《POST》
20.《男人装》iPhone 版
21.《Morris》

21

用交互式的、富媒体的思维来构思选题和采编内容，连刊物中的广告也都是巧妙订制而成，极具交互乐趣。

《男人装》iPhone 版可能是世界上最早的一本在手机上实现的交互式富媒体杂志，这个项目在设计上的挑战有很多，首先如何在小屏幕上依然保持杂志具有的排版美感。如果只是简单地把原杂志的版面等比例缩小，内容的识别度将会大大降低，图片的视觉冲击力也一定会被削弱。经过重新的体验设计，《男人装》iPhone 版形成了小尺度大视觉的版面特点，例如杂志的目录就一改传统的缩略图格局，而设计成了旋转式的目录，用户通过拨盘式的手势可以快速浏览目录上的内容介绍，而每一个内容介绍都能以全屏的方式展现出来。另外，这本数字杂志还在建构一种图为主、文为辅的阅读逻辑，用户会先看到图片或视频，然后通过翻页手势带入叠在图片上的文字描述，即便是开篇题图上的标题等文字信息，也会在出现后快速隐去，以最大限度地保持图片的阅读纯度；另一个重要的设计挑战是如何让阅读体验变得更简单更有趣，整本杂志的大部分内容包括图片、标题、正文、动画或视频等，只需要使用一只手的一根指头进行最简单的操作——横拨或竖划，这样的手势设计使得阅读体验变得简单而流畅。另一方面，在动态封面等交互内容中使用的吹气、点戳等交互方式，还有很多可参与式的内容形式又极大地创造了引人入胜的体验感。

22

23

22.23.24.25.《Monster》
26.《Little Fox》

《Morris》是一个由经典动画片改编而成的数字出版物，也是一个交互式叙事的优秀案例。它根据动画片的场景规划了页面结构，并为每个场景设计了有趣的交互方式，读者在参与中增强了对内容的解读。

《Monster》系列是由芝麻街出品的交互式儿童绘本，书的标题是“在书的最后有一个怪物”，读者必须要在阅读过程中和串场的卡通人偶斗智斗勇，破解关卡，最终进入充满悬念的故事结尾。整个绘本非常有效地使用了交互式叙事方法，用循序渐进的方式把读者自然地带入一个个精心设置的场景中，再层层抖开包袱。像《Monster》这样的故事如果是用纸书来表现，一定会缺失很多由互动带来的乐趣和惊喜。

《Little Fox》是一个非常精美的交互式儿童绘本，三首耳熟能详的儿歌构成了绘本场景的主题，用户在听歌的同时可以探索并开启那些精巧设计的互动元素，绘本中还巧妙地设计了一个 Fox Studio 音乐工作室，由蜘蛛、青蛙和各种生活物品组成的乐队正等待着和小朋友一起演奏美妙的森林交响曲。

《紫禁城祥瑞》iPad 应用是一个基于交互式叙事理念设计的出版物，用户通过和各种瑞兽以及场景的互动，在充满动感的体验中增长了对中国祥瑞文化以及故宫藏品的认知。在充满乐趣的瑞兽 DIY 游戏中，人人都可以成为瑞兽的创造者。

交互式数字出版物设计原则

我们在传统书籍设计中的大部分原则依然是交互式数字出

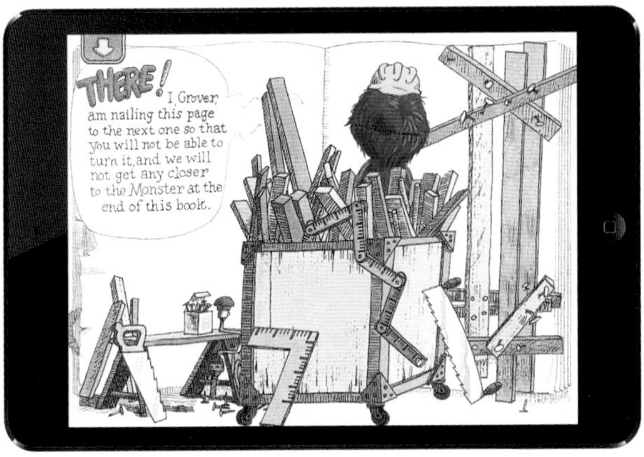
THERE! I Grover am nailing this page to the next one so that you will not be able to turn it, and we will not get any closer to the Monster at the end of this book.

24

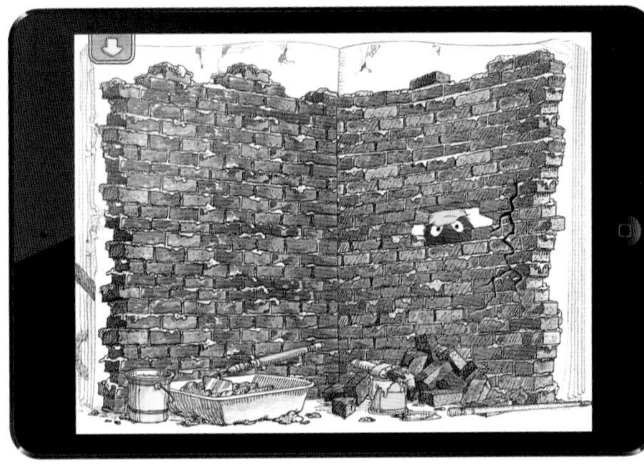

25

Heidi Wittlinger & goodbeans
Kleiner Fuchs
Kinderlieder
Lieder
Fox Studio
mehr apps
Londons Brücke hat ein Loch,

26

27

版物设计的核心原则。而且作为一个设计师，我们是否有能力把对物质世界的丰富感受传达到数字媒体里去，这是非常重要的设计能力。在数字世界中，往往能够打动人的东西是带有物质世界感受并能形成通感的。因此我们对于材料、质感、空间、距离、重力等要素的设计经验，也将是设计数字出版物的重要经验。

阅读方式的改变必然引发新的设计问题，交互式数字出版物究竟为我们带来了哪些新的设计挑战和机遇呢？

为用户需求而设计

交互式数字出版物设计，是数字时代交互设计与书籍设计学科的交集，它探讨的是如何通过交互设计来挖掘新的用户需求，并创造新的用户体验。交互式数字出版物的首要设计原则正是要将“读者”当作“用户”，充分挖掘用户的需求，研究用户阅读场景和行为，设计符合互联网时代特征的、能满足用户多纬度需求的出版物。

为终端屏幕而设计

单页面显示——几乎所有数字阅读终端都只有单屏幕，这意味着出版物只能以单页面的形式呈现，尽管有时候我们可以通过横屏幕模式来勉强显示对页，但是这并不是一个舒服的呈现方式。当我们希望还原在传统纸书中常见的跨页或长拉页的时候，单页面的显示显然是个局限。

屏幕分辨率——正如我们在设计印刷品时要根据不同的纸张形制来计算开本一样，为屏幕设计要充分考虑复杂的屏幕分辨率。以平板电脑为例，苹果公司的 iPad 从一代的 1024×768 分辨率升级到了 The new iPad 的 2048×1536 分辨率屏幕；而安卓系统的平板电脑从 4.3 ~ 7 英寸机型

28

27.28.《紫禁城祥瑞》iPad 应用

大多采用 800×480 分辨率屏幕，8~10 英寸机型很多选择了 1024×600 分辨率屏幕，比较高端的产品则是选用了 1280×800 的分辨率，如果再考虑到手机、台式电脑、笔记本电脑等终端屏幕更加多样的分辨率，就形成了十分复杂的设计问题。如果要让一个数字出版物在如此碎片化的终端屏幕上保持视觉的一致性，就必须考虑到跨屏幕、跨系统的问题，基于不同屏幕和系统的适配设计是一项基本且必要的设计工作，例如一本竖式排版的书籍如果要在只支持横式阅读的平板电脑上正常显示，就必须同时设计一套横式排版。当然除了一个屏幕一个屏幕地去适应，我们可以使用更加有效的响应式网页设计方法，智能地根据用户行为以及使用的设备环境（系统平台、屏幕尺寸、屏幕定向等）进行相对应的布局。

尽管越来越多的终端设备在不断提高显示精度，如 iPad 使用的被称为视网膜显示屏的 Retina 屏幕，其超高的像素密度已超过了人眼所能分辨的范围，使图像的逼真度提升至全新境界，文字显示也十分清晰。也就是说这些设备的显示精度越来越接近印刷精度，至少肉眼已经不好分辨了，但是再高精度的屏幕也是由像素点构成的，而且是基于 RGB 色彩的显示模式。再加上对于那些相对低精度设备的适配考虑，我们要充分考虑如何设定有适应性的版式、图文比例、版心、边距等等因素。如果同一个出版物，要在平板电脑和手机上同时发行，这可不一定只是屏幕适配的问题，也可能是两个版本，甚至是两个产品的问题。举个实例，在《男人装》的 iPhone 和 iPad 两个版本中，同一篇稿子可能形成两个版本。在 iPhone 上的短版本可以满足碎片化的轻阅读，整本杂志可以在 5~10 分钟看完；而 iPad 版中的完整版本则可以满足相对深度的重阅读。

29

跨屏幕和跨系统的数字出版不只是带来了设计挑战，也同时带来了机遇，它创造了可以基于不同的媒体设计不同表述方式的可能。这种可能让设计师有机会根据用户阅读场景来架构更加符合的表述方式：一位美食爱好者在下班回家的地铁上通过智能手机上的美食杂志预览了感兴趣的菜肴，回到家里，在智能电视上通过这本美食杂志制作的演示录像了解了烹饪的过程，而厨房里的智能烹饪台上显示的正是他感兴趣的菜肴的菜谱……随着智能终端设备的普及，基于不同表述方式的跨媒体出版将为用户提供更加贴合使用场景的内容及服务。

为叙事方式而设计

在一个论坛上，有位观众问著名作家阎连科如何看待未来小说作家的出路，他答道："只要人类还对别人的命运感兴趣，写小说的人就有饭吃，因为好的故事永远是有价值的。"回顾历史，好的故事总是可以代代相传，而故事的叙事方式却不断地在变化着，从岩画、文字、绘画到近代的摄影、电影、电视、游戏等。随着互联网的影响，人类对于故事的交互式阅读需求在日益增强，交互原本就是人的一种加强沟通的刚性需求，互联网只是有效地激活了这个拥有巨大能量的需求。交互式叙事是一种可以被用户行为影响的叙事方式，电子游戏就大量使用交互式叙事来营造故事感和参与感。当然除了游戏，交互式叙事还有更加广阔的应用场景，比如用于教育的交互式教材、交互式杂志等。交互式叙事的设计核心是要用交互式的思维来建构故事，而不是简单地把故事做成可交互的。

第二个新的叙事方式是富媒体（Rich Media）叙事，富媒体最早是互联网上应用的一种可交互的内容形式，被大量用于广告的制作。作为对多媒体的延伸，富媒体不仅包含了视频、音频、动画、动态图形等多种媒体形式，还包含了互动游戏、虚拟现实和增强现实等拥有更加丰富体验的媒体形式。目前富媒体内容已经成为大量交互式数字出版物中重要的组成部分，视频、动态图形和游戏等内容形式的应用不仅极大地丰富了出版物的叙事方式，还为用户创造了新的内容价值。例如在《韩熙载夜宴图》iPad 应用的

30

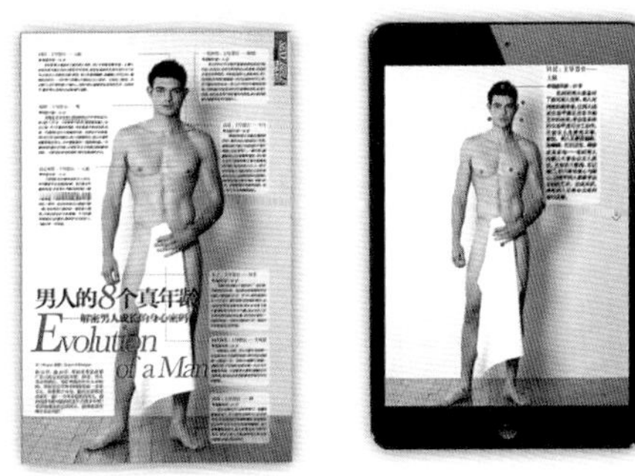

31

29.30.《韩熙载夜宴图》iPad 应用
31. 关于发现男人身体密码的文章 iPad 应用

体验层中，用户可以在画卷中以秉烛夜游的方式将画中艺伎幻化成真人表演动态，并听到当时的乐曲。这些由现代人根据考据重新演绎的动态视频成为人们体验古人风韵的重要内容，而鉴赏层中还设计了丰富的音画讲解、专家点评以及茶道、花艺和舞蹈等视频内容，这些富媒体的应用不仅创造了穿越历史画卷的神奇体验，更重要的是提供了对原画多纬度的深度解读。富媒体内容的设计原则是要考量叙事的有效性，比如一段视频采访通常比一篇文本采访更有场景感和沉浸感，但并不是所有的内容都适合用富媒体来表达，比如一段优美的诗歌，它可能需要的恰恰是安静的文本呈现，由读者通过阅读的过程来形成丰富的共鸣。富媒体内容的设计一定是为了提升内容的表现力，切忌为动而动。

为阅读体验而设计

交互式数字出版物提供给用户的核心价值不仅是内容、服务，还有体验，好的体验往往能为出版物创造独特的价值。好的体验设计能将用户的参与融入设计中，让用户在阅读过程中感受到愉悦的体验，进而产生情感化的关系。好的体验设计必须时刻关注用户体验，并不断在产品中融入更多人性化的设计，提升阅读产品的易用性和操作的愉悦感。所有的数字出版物也可以被看作是基于出版内容的互联网产品。既然是为互联网设计的产品，就必须遵照由互联网以及终端设备所组成的人机交互界面的规律。比如发明 iPhone 智能手机以及 iOS 系统的苹果公司对于所有 iOS 系统上运行的应用程序都有严格的人机交互界面规范，其中包括了多点触控手势规范、页面导航的逻辑、页面切换的方式、交互元素的使用等。一个优秀的交互式数字出版物首先要遵循这些规范，符合人机交互的基本原则，更要能创新性地设计独特的交互形式。

交互式数字出版物的交互设计包含两个方面，首先是出版物界面的设计，它可能由书架、阅读界面及其他功能模块的界面共同组成。书架是用户浏览、购买和管理图书的主要入口；阅读界面支持着用户的内容浏览、章节跳转、内容检索、内容交互、内容收藏、内容分享和添加书签等重

家伎李姬
李姬是教坊副使李家明之妹，深得韩熙载宠爱。
横抱琵琶尽显古韵
值得注意的是，自唐代起，演奏琵琶逐渐从横抱发展为竖抱。
李姬的演奏姿势，为古时『横抱琵琶』之说提供了图像佐证。

笛子
乐伎服饰

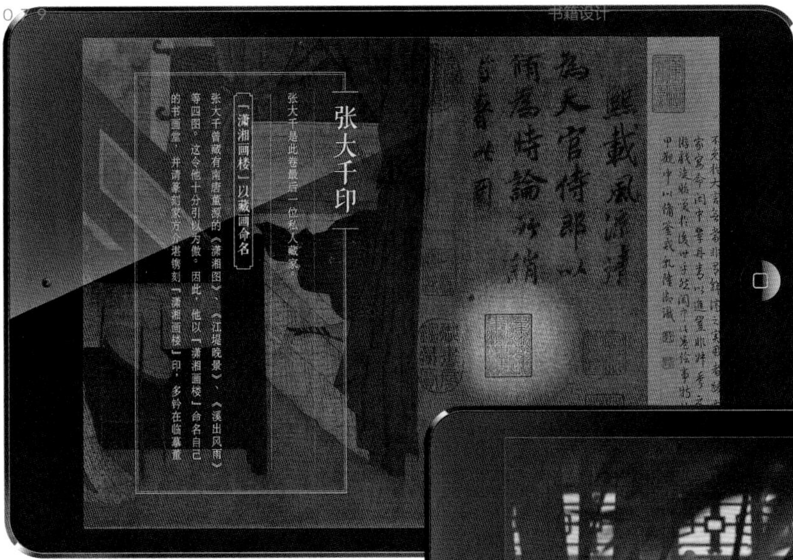

32.33.《韩熙载夜宴图》iPad 应用

33

要的阅读相关性操作；除了书架和阅读界面，有些出版物还会设计如用户反馈、会员服务、产品设置等辅助功能，这些功能的界面也需要有效地整合在出版物界面的设计中。为了提供良好的用户体验，出版物的界面设计需要遵循几个原则：第一是预期性，我们设计的任何交互元素要能够给用户提供精确的预期，比如内容下载的进度条设计，要能够反映出下载速度和时间；第二是识别性，比如视频、音频等需要用户进行操作的内容要设计醒目和识别性强的图标，而且这些图标要能够准确地表意；第三是连贯性，无论是界面的视觉风格还是交互特点，都需要形成系统化的、连贯性的设计，把用户对界面操作的学习成本降到最低；第四是反馈性，好的交互体验一定是以即时的用户反馈为基础的，用户的每一个操作都能通过界面给出明确的视觉、动效或是音效反馈，是界面易用性的重要标志。

交互式数字出版物的交互设计还包含了基于内容的交互设计，例如出版物中常见的触发式幻灯图组、测验题等都是属于交互式内容的常见形式。设计原则是要在对内容有充分理解的基础上，提炼出合理的交互逻辑和结构，并用有趣和有效的视觉及动态方式呈现出来。图例中是一篇关于发现男人身体密码的文章，如果用传统的杂志设计来表现，这些表现密码的解释文字都必须呈现出来，使得故事变得毫无玄机可言。而在交互式杂志的设计中，我们特意隐去了所有需要探索的内容，用户必须用手指头在他的身体上去探索，用触摸的方式来发现隐藏的密码，这不仅使内容变得更有乐趣，而且这种交互方式还创造了一种无以言表的亲密又有些暧昧的体验。

对未来阅读的畅想

尽管我们很难预测 10 年或 20 年后的数字出版会是什么样的形态，但是我们十分确定的是出版将不再局限于以纸张为媒介的单一形式，同时，也不会是只依赖数字媒介而存在。未来的出版将是跨媒介的和超体验的。随着各种生物科技、智能硬件和新型材料的发展，我们有理由推断在不久的将来，人们将不再需要通过一个硬件，而是通过一个纸质媒介来阅读数字内容，我们不必再去费尽心机地用数字手段来模拟纸张的质感和肌理，因为它既保留着丰富而微妙的纸质美感，又拥有智能而强大的信息处理能力，这是我梦想中的智慧而感性的阅读之器。

艺理论说

《人与生物圈》期刊副总编陈向军先生向豚馆工作人员讲述插图编辑思路

信息图表：为科学代言
——设计“拯救江豚”信息图表的编辑经历

先义杰

先义杰
《人与生物圈》期刊 编辑

《人与生物圈》是一本宣传生物多样性和文化多样性保护，倡导可持续发展的公益性、原创性生态环境保护科普期刊。它以报道生物圈保护区及其所在地区的生态价值、生态困境和保护成绩为核心内容，是中国乃至世界宣传“人与生物圈计划”核心理念、生物圈保护区开展信息分享交流的唯一平台。该期刊从 1999 年改为公开发行的正式刊物，至今已经出版了 87 期中文版、6 期英文版。

“人与生物圈计划”是联合国教科文组织针对全球面临的人口、资源、环境问题，于 1971 年发起的一项政府间跨学科的大型综合性研究计划。该计划的核心理念是：人是生物圈的一部分，环境保护问题不能脱离人类生活和当地社区经济发展的需要。该计划的终极目标是实现人与自然的和谐共处。

作为一本专业科普期刊，我们一直追求“原创性、前瞻性、建设性、普及性”，内容定位于“全球视野、国家视角、专家观点、百姓声音”，并通过挖掘第一手的案例和拍摄第一手的精美图片，探讨人与自然的终极话题。

在 2014 年第一期《长江江豚：最后的拯救》专辑里，我们首次采用信息图表的形式，展示中国科学家在相关领域的研究成果和专业观点。

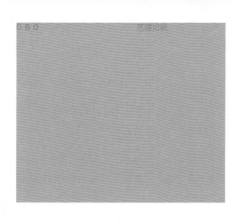

世界上共有 80 多种鲸类动物，其中有几种仅生活于河流之中，如白鱀豚和长江江豚（以下简称江豚）。生活在长江流域的它们维持着这条大河的生态健康，也是长江文明的见证者之一。然而，白鱀豚已经消失于 2006 年，这是人类生态史上的巨大灾难。2012 年，我国科学家发起了长江豚类考察行动，结果发现江豚也只剩下 1000 头左右，数量比大熊猫还少。相比于 2006 年，江豚的头数在整个长江干流中的下降速率是 13.7%，而从 20 世纪 90 年代初到 2006 年，该数值是 6.4%。这意味着江豚数量的下降速率翻倍了，长江环境恶化的趋势正变得日益显著，留给我们奋斗的时间又大大缩短至不足 10 年。如果我们工作做得不到位，那么江豚的生存机会将会很渺茫。有专家认为，

信息图表设计团队和武汉白鱀豚馆的管理及科研人员一起探讨插图设计方案

在这种危急关头，江豚的保护工作已是在与时间赛跑，进入倒计时。多年的教训表明，我们无法控制长江流域过度的人类活动。当前保护工作不可能做到面面俱到，现在最紧迫、最关键的保护是“保种”，要在最短的时间里保住一批江豚的种质资源，为江豚保住长期生存繁衍下去的机会。如果再不这样做，江豚很可能和白鱀豚一样，以后在长江里再也看不到了。而作为长江生命之河的标志，这两种长江独有的水生哺乳动物将永远和我们告别。

江豚已经危在旦夕，我们需要动员全社会的力量参与这场生态保护宣传战，可是相关宣传力度仍然不够。因此，我们策划编辑了《长江江豚：最后的拯救》专辑，希望借此说明江豚情况之危急，呼吁各界重视江豚保护工作。

创新

《人与生物圈》一直在创新。本期为了保护江豚，除了自然科学家以外，我们还请来了社会科学家发表观点意见，他们是第一次全面深入地加入到拯救江豚的事业中来；我们请来生态摄影家，第一次获得了高清的科考照片和水下图像；也请来地理信息专家，第一次较全面地“图说”江豚统计数据。更为特别的是，我们首次与平面设计艺术家合作，运用视觉信息表达技术从前期就参与内容编辑工作。从专辑确立的一开始，我们就与合作伙伴——测绘出版社探讨创新，达成共识，即：为此专辑制作一张独立插图，将文字、数据、照片、地图等元素以一定的逻辑进行组合，然后通过一种艺术化的方式表达。这样，读者既能观赏到美丽的图片，也能获得知识和启发，这就需要借助信息图表，并希望由中国最权威的专业设计团队来完成。测绘出版社将相关方面经验丰富的“敬人工作室”介绍给了我们。

实施

我们与设计师的沟通是完成这件作品的关键。在与敬人工作室艺术总监吕敬人和设计师吕旻的会面中，我们详述了有关江豚的景况，从其形态的可爱，到对长江生态系统的重要作用，以及它们悲惨的命运、保护工作的重点方向等等。我们将已有的素材交给设计师，并陆续补充新素材，尽可能地搜集了大量科学数据，并进行归类和分析处理，突出主次。例如，亚马孙河与印度河中的淡水豚生活在什么样的环境里，当地人是如何与它们相处的。发生在不同时空的类似事件资料能够与当前研究方向形成对比，提供结构编辑和视觉表达的多种可能性。我们在与测绘出版社、敬人工作室的反复探讨之中，确定了此插图页两面主题分

前来豚馆参观的大学生

测绘出版社导航与位置服务部部长曹江雄先生在饲养员的指导下近距离接触江豚

别为“江豚之美”和“拯救江豚”。

素材初步整理完毕后，设计师又另提出了一些问题，例如照片吸引力较弱、阅读趣味性不足等。他们有针对性地提出素材要求，而不是照单全收我们提供的内容，同时，也有了初步的设计思路：通过电脑制图和手绘图体现，色彩单纯，图表简洁，呈现直观、感性的视觉效果，例如将各年的污染数据合成一个码头形象。至于用手绘的方法体现江豚的形象，我们是很赞同的，虽然目前的照相技术和设备都很先进，但缺乏某种人文的情感。拿动物分类学来说，照片就无法完整地反映出动物的形体和行为等信息，还需借助手绘，而如果需要艺术化处理，则又提高了一个层次。目前，业界都喜欢用照片辅助宣传江豚保护，但好照片并不多，有些也不适用。一位江豚研究专家曾反映，他见过一幅大型的宣传广告，广告上的江豚脑袋大大的，张着血盆大口，尖牙利齿，不吓着小孩儿才怪，谁还愿意去保护？为了增进设计师对江豚的了解，获得创作灵感，我们除了提供相应的照片和视频以外，还邀请吕旻一起实地参观了中科院水生所武汉白鱀豚馆，这是全球唯一一座饲养有江豚的大型水族馆。隔着水下玻璃窗，设计师细心地观察江豚的形象与动作，不时用相机把身体各个部位的细节拍下来。江豚们似乎知道这位来客并不简单，也许会给它们的家族带来福音，于是优雅地凑近他，探着脑袋反复观察。当吕旻从一个观察窗去往另一个观察窗时，江豚们也接着跟过去，生怕跟丢了。这样的接触，为设计师之后的创作工作积累了灵感。在他旁边，训练员不时向他介绍饲养池中的江豚：它们如何吃鱼，如何与人亲近，如何在水面玩球。另外，我们此行还有一个重要目的，那就是收集更多有关江豚科学的和感性的素材，同时为设计思路定调。因为白鱀豚馆有一支以江豚为研究对象的全球权威科学团队，这支团队有 20 多人，研究内容涵盖生物声学和行为学、种群生态学、繁殖生理学、种群遗传学、病理学等，几乎每个研究方向都有可观的知识和认识可供分享。我们与他们一起召开座谈会，同时将初步设计的信息图表展示出来，这顿时引起大家浓厚的兴趣，原来江豚的宣传还能这样做？如果往草图里再添点东西，那不就更好看了吗？讨论和分享立刻热烈起来。我们很快获得了不少素材，例如当前针对江豚的最新研究成果、国家和地方上拟实行的保护举措、江豚发生的各种鲜为人知的有趣行为等。作为

中科院水生所研究员、武汉白鱀豚保护基金会理事长王丁先生在同设计师交换意见

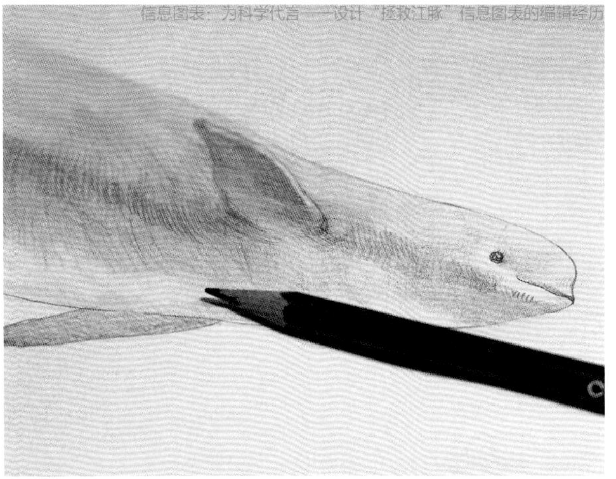
江豚写生稿（局部）

这个团队的负责人，长江豚类研究与保护领域的权威专家王丁研究员显然对信息图表的兴致很高，期望也很大。他阐述了自己在过去几十年里对江豚的认识：白鱀豚如同一位冷艳骄傲的大家闺秀，总是拒人于千里之外；而江豚就不一样了，它们与人更加亲近，嘴角总是带着微笑，如同邻家小妹那么甜美。他认为，江豚这么好的形象应该扎根于更多人的心里，用美丽触动人们去怜爱、去保护。经过这次与江豚的近距离接触以及和豚馆团队的讨论，工作室的绘制工作也更加顺利，江豚可爱的形象渐渐成形。

随着信息图表设计进展的加速，我们与工作室的互动也更加频繁。开始时，我们想在正面“江豚之美”图中加入江豚“有人形”“有人慧”“有人情”这些内容，以增强读者的亲近感，同时也普及一下相关科学知识。但是，信息图表的功效如果仅仅停留在作为期刊插图的层面，未免意犹未尽，如果能作为宣传品送到长江沿岸的渔民手里（他们是与野生江豚接触最紧密的人群），或制作为城市里的大型广告牌，岂不更好？因此双方认为不妨大量削减文字等方面的内容，重点突出江豚的可爱形象与生活场景。这样，渔民愿意挂在家里，市民也会愿意在广告牌前驻足久留。

至于背面“拯救江豚”图，信息量很大，工作室以长江作为组织信息的舞台，以图例、数据量化等手段表现针对江豚历年的野外考察数据，以及当前长江的保护格局，使读者了解江豚数量在时空上的变化趋势、避难地集中分布区域，以及国家为拯救江豚做出的努力。白鱀豚馆的专家看了之后也认可这种设计，只是认为背景里交错如网的小河、一座座的山峦、为数不少的地名等会造成视觉干扰，而设计师坚持认为，这些元素恰好反映了江豚生活的大环境：世界上最重要的湿地之一，环境类型丰富，同时人口稠密、经济发达，动物和人类的需求之间容易产生矛盾。而且，这些元素让信息图表因此增加了层次。至于所谓的“视觉干扰”，将采用技术处理。我们当时虽有疑问，但本着尊重专业意见的态度接受了，成品出来后果真如此。

背面图接下来的一个重点是，如何突出人类活动对长江生态环境的影响。设计师将污染、捕捞、挖沙、航运等人类活动排布在一条“长江河道”里，让一头江豚如同“鲤鱼跳龙门”那样去历经一次次劫难，最后在一片刀山前面临选择：跳过去就是乐土，跳不过则只能跌入深渊，导致种群灭绝。由于过度捕捞对江豚的影响最大，因此需要重点突出。在白鱀豚馆参观的时候，吕旻被标本馆里展示的一排滚钩吸引了。这是长江一带常用的一种捕捞工具，钩子被磨得很锋利，一个接一个地连成几百上千米长并排布在江湖里，无论是鱼还是豚经过，只要被扎住就逃不了，而且越是挣扎，越是被牢牢扎住，最后只有死路一条。这是白鱀豚和江豚最恐怖的杀手之一，国家早已明令禁止使用，但仍屡禁不止。设计师在“长江河道”里安排了一排滚钩，

江豚图表（局部细节）

但后经共同商量，我们认为这种捕鱼工具对读者来说比较陌生，最后改用一道道的“天罗地网”来表示长江渔业资源被过度捕捞的事实。

成果

几个月过去了，信息图表终于制作完毕，读者反响强烈，有的还要求加订。这张信息图表是迄今为止长江豚类保护领域难得一见、制作精良的宣传品，在中国的野生动物保护领域也不多见。国内宣传最多的是以大熊猫、金丝猴、麋鹿等为代表的少数明星物种，平面设计的表现形式几乎全部是照片和卡通。因此，我们的这张信息图表可以说得上是行业里的第一次创新，具有里程碑意义。敬人工作室将作品的使用权无偿授予武汉白鱀豚保护基金会，这是我国第一个以水生野生动物为保护对象的公募基金会，这样就扩大了社会各界对江豚保护的关注度。对于我们而言，则又一次实现了创新，积累的经验有助于以后工作的开展。

体会

作为此次信息图表设计工作的主持者和参与者之一，我获得的成就感自然不在话下，但更多的是对国内信息图表发展现状所产生的思考。

每次去敬人工作室，我都能感受到设计的魅力，许多设计图片不但犹如藤蔓般延伸的线条，如河水般流淌的颜色，而且有的还能动。让我印象最深的是一本有关日本方面介绍鲸类的科普书籍，在提及某个物种典型的行为时，读者只须牵拉动物的图片，它们翻滚或下潜的过程立刻显现，胜过一帧接一帧的图集和几十上百的文字量，而且比视频更方便实用。我过去几年也接触过一些有关鲸类研究和科普的书籍，但这样的设计风格我还是首次看到。我记得，多年前在国际知名学术期刊如《Science》上就有信息图表或类似的表现形式。吕敬人先生说，在国外，使用信息图表的历史已经有几十年了，而且不单使用在学术期刊上，其中以日本最为典型。在该国，信息图表被运用在社会的各个领域，从交通导视图到小学生自己动手设计的课程表，类型丰富多彩，看了很享受。相比而言，我国的信息图表设计领域从理论到实践上都较为落后，市场也未得到充分开发。相信随着社会进步和人们审美能力的提高，这一领域的发展前景将十分广阔。

作者系《人与生物圈》期刊 2014 年第一期《长江江豚：最后的拯救》的责任编辑

期刊背景：

《人与生物圈》是联合国教科文组织“人与生物圈计划”中国国家委员会主办的高级科普期刊。该期刊为双月刊，自 1999 年创办以来致力于关注中国生物圈保护和可持续发展工作。为保证内容的权威性，其所刊文章均是长期从事相关工作的知名专家学者提供的第一手资料，并由国际国内优秀摄影家深入实地拍摄图片。

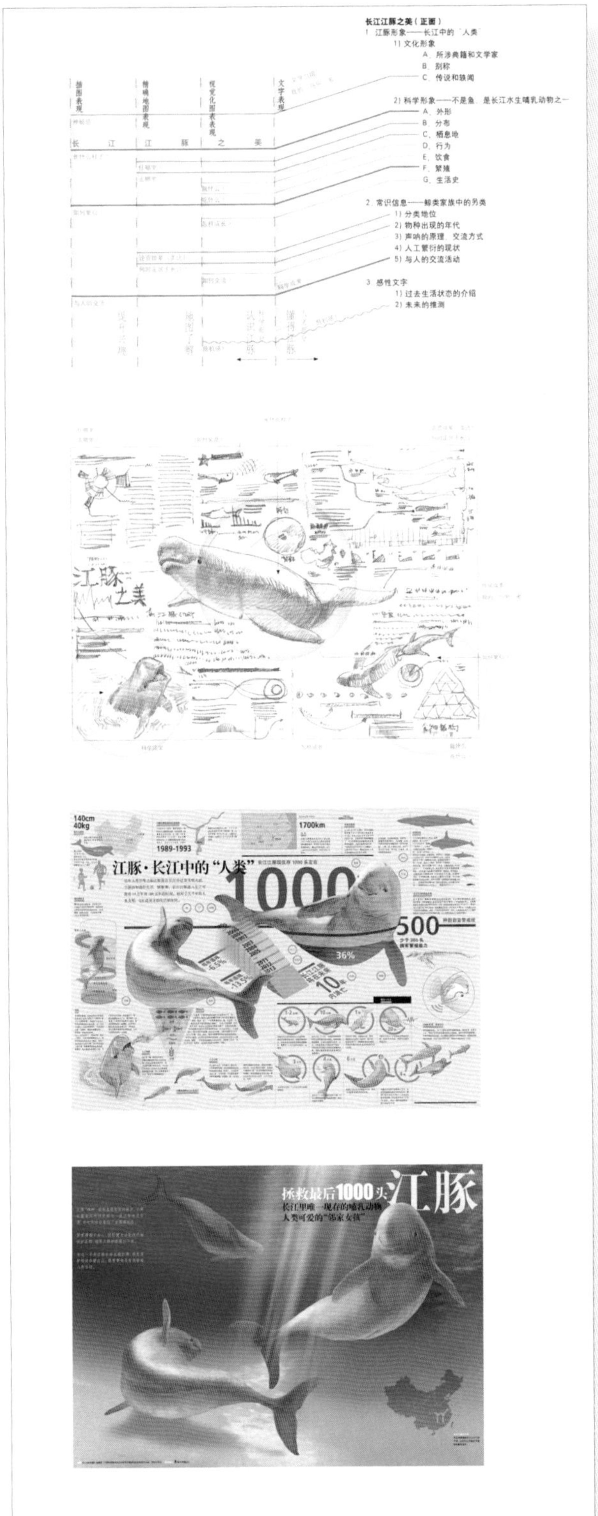

江豚图表设计 / 正面从草图到成品的设计过程

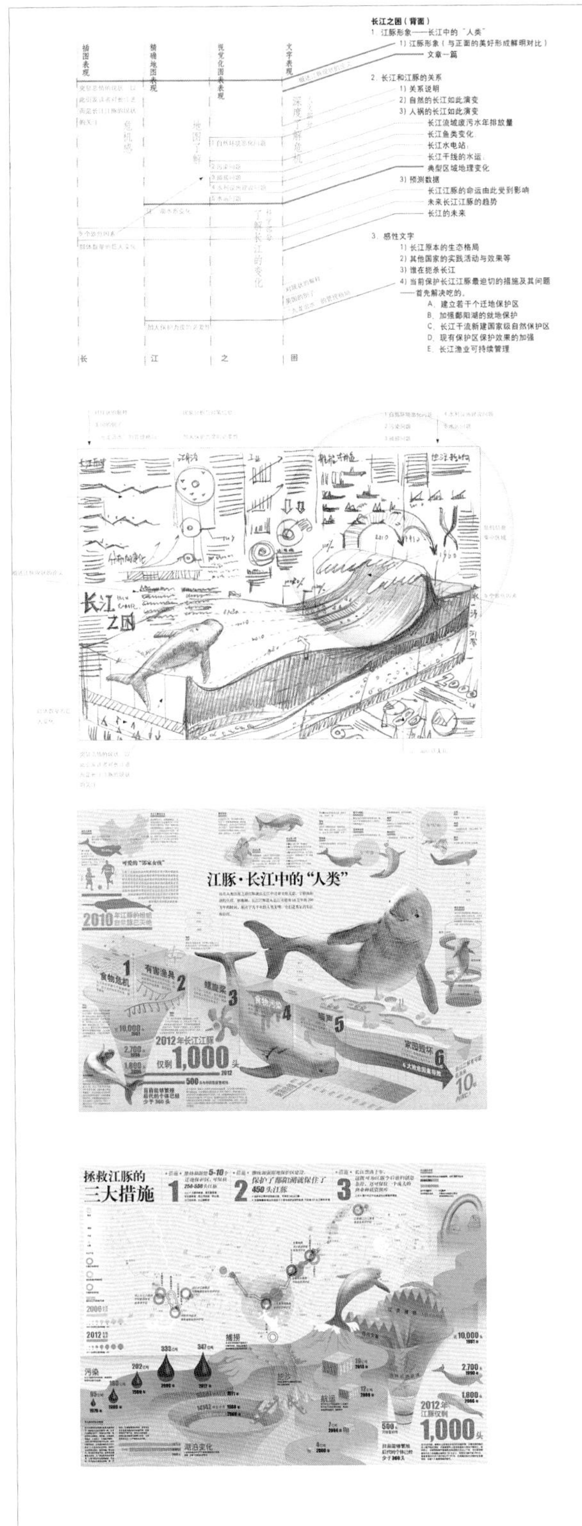

江豚图表设计 / 背面从草图到成品的设计过程

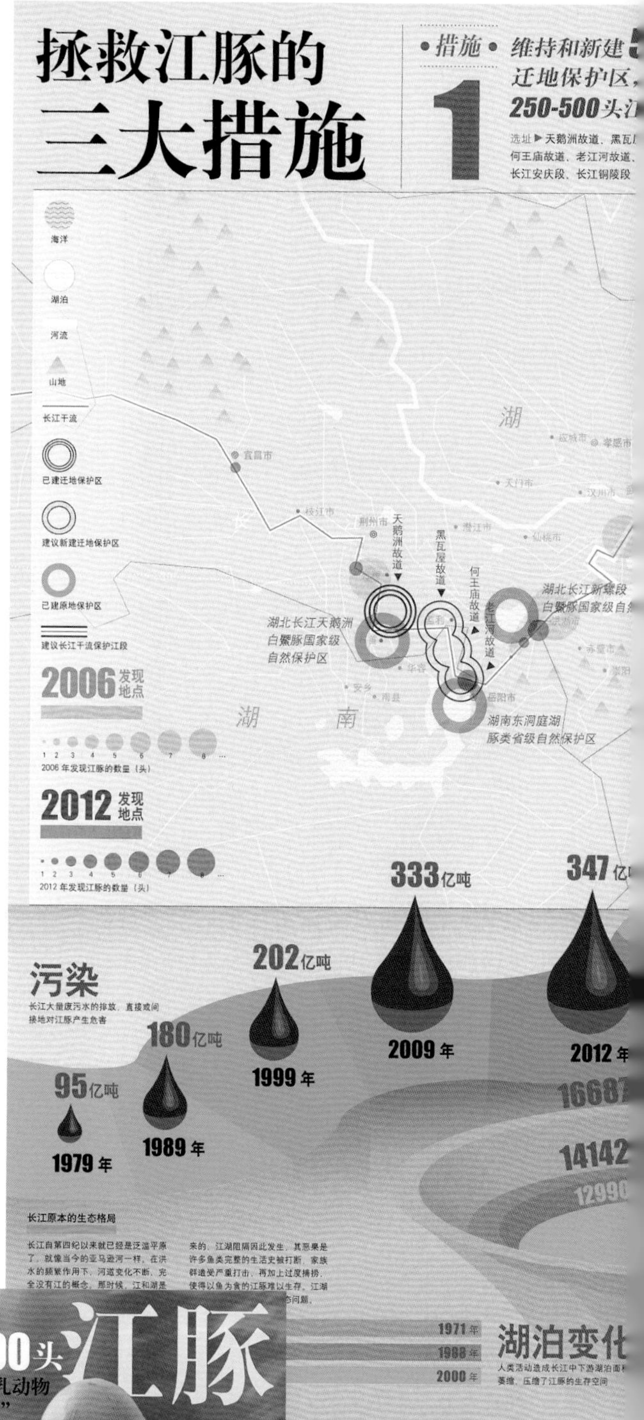

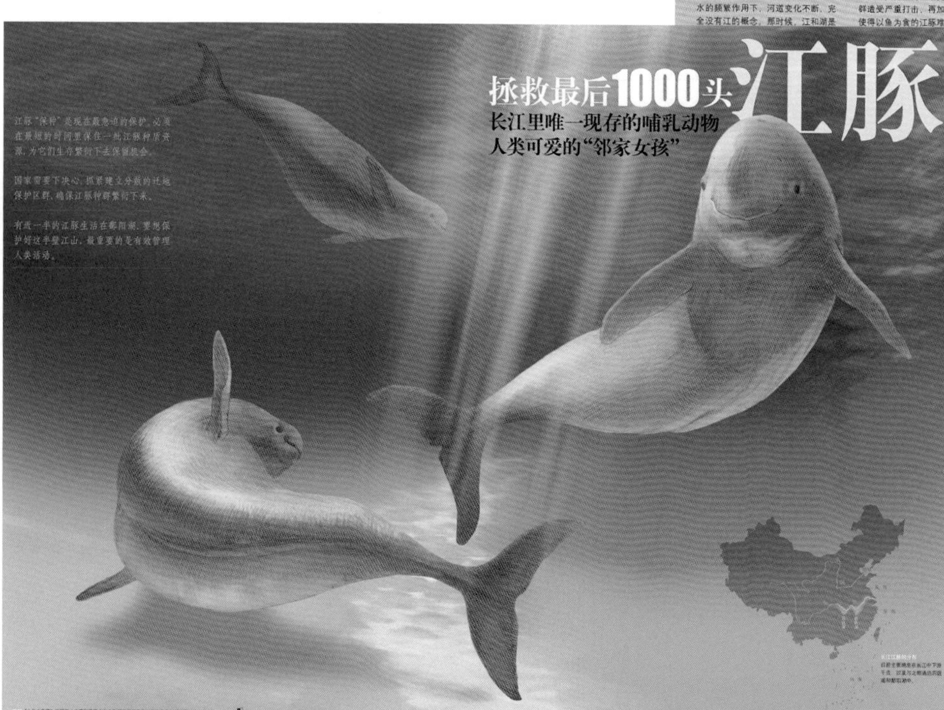

拯救最后1000头江豚
长江里唯一现存的哺乳动物
人类可爱的"邻家女孩"

图表设计 / 敬人设计工作室 吕旻

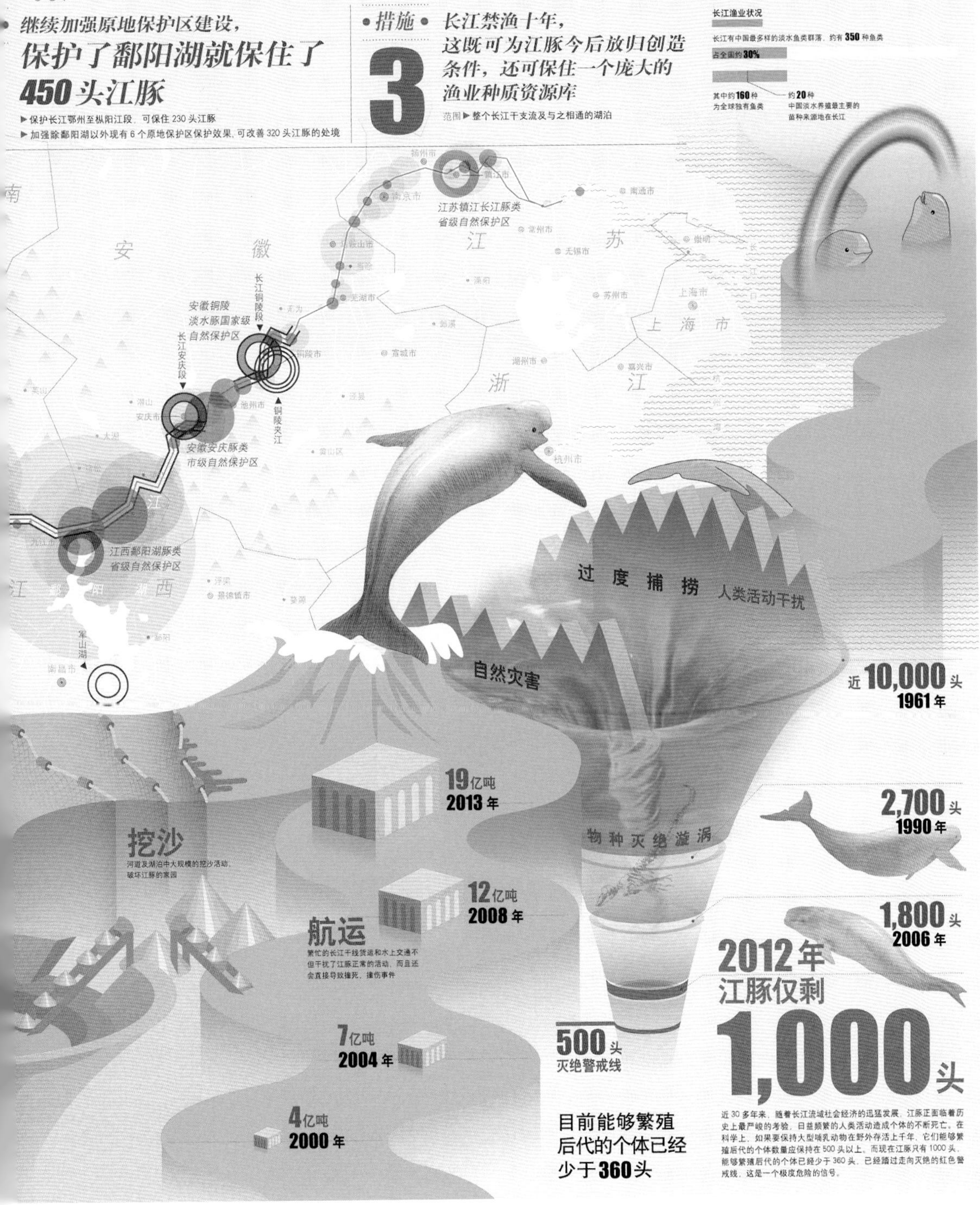
继续加强原地保护区建设，
保护了鄱阳湖就保住了
450头江豚
▶ 保护长江鄂州至枞阳江段，可保住 230 头江豚
▶ 加强除鄱阳湖以外现有 6 个原地保护区保护效果，可改善 320 头江豚的处境
• 措施 •
3
长江禁渔十年，
这既可为江豚今后放归创造
条件，还可保住一个庞大的
渔业种质资源库
范围 ▶ 整个长江干支流及与之相通的湖泊
长江渔业状况
长江有中国最多样的淡水鱼类群落，约有 350 种鱼类
占全国约 30%
其中约 160 种
为全球独有鱼类
约 20 种
中国淡水养殖最主要的
苗种来源地在长江
江苏镇江长江豚类
省级自然保护区
安徽铜陵
淡水豚国家级
自然保护区
长江铜陵段
长江安庆段
铜陵夹江
安徽安庆豚类
市级自然保护区
江西鄱阳湖豚类
省级自然保护区
军山湖
安
徽
江
苏
上海市
浙
江
江
西
过度捕捞
人类活动干扰
自然灾害
物种灭绝漩涡
近 10,000 头
1961 年
2,700 头
1990 年
1,800 头
2006 年
2012 年
江豚仅剩
1,000 头
500 头
灭绝警戒线
目前能够繁殖
后代的个体已经
少于 360 头
挖沙
河道及湖泊中大规模的挖沙活动，
破坏江豚的家园
航运
繁忙的长江干线货运和水上交通不
但干扰了江豚正常的活动，而且还
会直接导致撞死、撞伤事件
19 亿吨
2013 年
12 亿吨
2008 年
7 亿吨
2004 年
4 亿吨
2000 年
近 30 多年来，随着长江流域社会经济的迅猛发展，江豚正面临着历史上最严峻的考验，日益频繁的人类活动造成个体的不断死亡。在科学上，如果要保持大型哺乳动物在野外存活上千年，它们能够繁殖后代的个体数量应保持在 500 头以上。而现在江豚只有 1000 头，能够繁殖后代的个体已经少于 360 头，已经踏过走向灭绝的红色警戒线，这是一个极度危险的信号。

艺理论说

书籍中订口和折口的设计研究

吴绮虹

摘 要

订口和折口是两个不同页面的连接部位，它们创造了一个又一个页面之间的联系、过渡、演变，犹如戏剧的一幕与另一幕的连接。订口除了“装订”的功能之外，更本质的是它还是连接两个信息的部位，这点和折口是一样的。著名书籍设计家吕敬人先生说：“书是语言的建筑，建筑是空间的语言。”从物理结构上来说，如果把书籍比喻为建筑，那么订口和折口便是书籍的框架。页面随着订口或折口翻动，所有的文字、图像、内容都随着这条主轴展现给读者。页面与页面之间关联性的叠加、过渡、串联，随着翻开，呈现出书籍内涵的时空化、层次化，如步入苏州园林，步移景异，也可以说这是一幕幕书所演绎的戏剧。由一张一张的纸折叠装订而成的书，随着阅读，成为信息陈述的流动过程。

日本著名平面设计家原研哉先生说过：“设计不是一种技能，而是捕捉事物本质的感觉能力和洞察能力。”的确如此，设计师必须时刻保持对事物的高度敏感和思辨能力，才能设计出不流于表面的好作品。书籍中的订口和折口的设计，不仅仅是物质的、功能性的，而且是秩序化整合文本信息、展现书籍阅读时空节奏、注入文本情感生命，以及满足某种精神诉求的实现阅读设计的手段。设计师在感悟文本传达出来的某种心理或精神诉求的冲动下，将原本隐藏在表象之下的精神性特征视为一种设计的追求，当作者的观念、文本隐含的形而上的思维通过某种物化形态呈现出来，阅读便成为一种心理和精神层面理解的活动，成为阅读者与作者之间思维上的相互参与融合。本文从订口和折口的概念入手，简要地叙述了订口和折口的起源及发展变化，整理出订口和折口的物化形式。采用归纳、例证、演绎等方法，提出多维度对其设计进行思考，包括从主体性、阅读方式、可视性和可读性，以及时间节奏上去思考。对订口和折口设计的内涵进行了论述，提出它们对于内容观念的折射、游戏性、趣味性、互动性以及易读性关怀的

吴绮虹

平面设计师
广州美术学院硕士

设计作品多次入选各类展览
并获"第八届全国书籍设计艺术展览"优秀奖、佳作奖等奖项
入选"GDC13""韩国国际海报·世宗奖"
"中国设计大展"等展览
设计作品被关山月美术馆收藏（中国深圳）

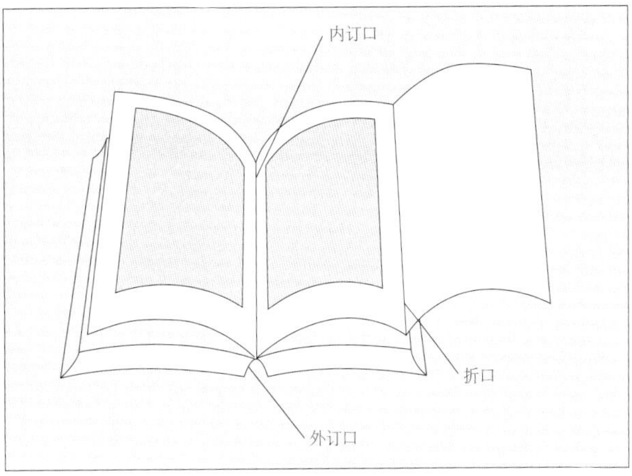

图 1

重要作用，以便设计师在实践中较全面地理解、运用订口和折口的设计，创造出更多不落陈规的优秀作品。

订口和折口的设计，虽然是书籍设计中潜在的设计因素，但越来越多的设计师意识到其内涵和设计空间。这点，在近年来的许多国内书籍优秀设计作品中不难看到。然而，国内有关订口和折口设计的系统论述和研究，还较为匮乏，因此，我撰写了这篇文章，以此对其进行系统的梳理。同时是想通过对纸质书的订口和折口设计的研究梳理，使人们感受到纸质书的特有价值。在纸质书遍受挑战的今天，对书籍中订口和折口设计形成更为全面的认识，有利于设计师开拓设计视野和思路，也更有利于促进未来纸质书设计的发展。

关键词：书籍设计，订口，折口

绪　论

法国文豪雨果曾说："人类就有两种书籍，两种记事簿，两种经典即泥水工程和印刷术。一种是石头的《圣经》，一种是纸的《圣经》。"[1] 吕敬人先生也说："书是语言的建筑，建筑是空间的语言。"[2] 从物理结构上来说，如果把书籍比喻为建筑，那么订口和折口便是书籍的框架。订口是书籍物理形态上所拥有的主轴，是一条时间链，是决定阅读进程的轴。订口除了"装订"的功能之外，更本质的是它是连接两个信息的部位，这点和折口相同。页面随着订口或折口翻动，所有的文字、图像、内容都随着这条主轴展现给读者。页面与页面之间的关联性的叠加、过渡、串联，随着翻开，呈现出书籍内涵的时空化、层次化，如步入苏州园林，步移景异，也可以说这是一幕幕书所演绎的戏剧。由一张一张的纸折叠装订而成的书，随着阅读，成为信息陈述的流动过程。

订口和折口的概念

订口和折口的定义

订口的定义，可以分为两个部分来理解：内订口和外订口。内订口是版面的版心到装订位之间的空白处，外订口指的是书籍在装订后书脊裸露的部分。

折口指的是两个页面的折叠连接部位。（图 1 订口和折口）

订口和折口是两个不同页面的连接部位，它们创造了一

[1] 巴黎圣母院，Notre-Dame de Paris, http://tool.xdf.cn/novel/8543.html

[2] 吕敬人：《"书·筑"展——书籍是信息诗意栖息的建筑》，载《书籍设计》第 10 辑。

图2

图3

个又一个页面之间的联系、过渡、演变，犹如戏剧的一幕与另一幕的连接。订口除了“装订”的功能之外，更本质的是它还是连接两个信息的部位，这点和折口是一样的。基于订口和折口的这个共性，在某种角度来说，它们可以统一起来，在书籍内容的联结整合、时空节奏的展现、人书互动以及文本观念的折射上均起到异曲同工的作用，这些会在下文详细论述。

订口和折口的物化形式

1. 订口的物化形式

订口的物化形式，并不局限于平面视觉上，例如二次订口、移动订口。《中国记忆——五千年文明瑰宝》的一部分内页是二次订口设计，二次订口在书籍的内部空间里，使部分书页离开订口一定距离，不装订于订口，并且产生短于书籍页面的另外两个页面，二次订口连接着这两个页面，使书籍产生多种翻阅形态，生发出多层次的内容关系。《李冰冰：十年·映画》是移动订口的设计，移动订口连接两本以上的书，使之既可以同时阅读，又可以独立阅读，并且成为一个整体。（图2、3《中国记忆——五千年文明瑰宝》，敬人设计工作室设计）

2. 折口的物化形式

折口的物化形式多种多样，例如M折口、蝴蝶折、双折口等等。M折口是装订时使纸张宽度略微不同，长短结合而使中心部分的书页不装订于订口，以使这部分M折页在阅读时能充分展开，与前后页平行，增加了阅读的趣味性和互动性。例如《中国记忆》就部分采用M折口设计。《熙上画册》是阶梯折设计，阶梯折是折页时使每一页都略长于前一页，在视觉上呈阶梯状而产生出参差错落的效果。双折口顾名思义就是在一个页面上有两个折口，如《2010—2012中国最美的书》的书页设计。（图4《李冰冰：十年·映画》，敬人设计工作室设计。图5《熙上画册》，吴绮虹设计，2013年）

各式各样的折口与订口的物化形式，针对不同的主题内容，在对书籍内涵的陈述过程中，分别扮演、承担着各自的角色，让书籍信息随着阅读者的翻阅得到多种姿态的呈现。

多维度思考订口和折口的视觉语言形态

从主体性上思考订口和折口的设计

书籍设计的思维在于，通过对文本的分析，确定主语选择，在理解文本内容的基础上将信息进行有序分析和编织，把文本的精神物化、视觉化，使阅读者从设计中感受作品传达的精神。[3] 文本的精神是书

[3] 臼田捷治：《旋·杉浦康平的设计世界》，吕立人、吕敬人译，三联书店，2013年，第45页。

图 4

图 5

籍设计中要传达的主体，订口和折口不仅具有功能性作用，其设计更要从传达文本内涵这一主体性角度去思考。在其设计运用上，并非孤立的细枝末节的经营，而应该把其视为如同交响乐合奏的结果，每个细节都是为书籍设计的宏观构想和整体把握而设计。敬人设计工作室设计的书籍《怀袖雅物》，是一本全方位介绍苏州折扇的书。纸书有别于电子书的地方在于它的翻阅形态，因此，本书从折扇多重折叠的特点出发，设计了不断翻折的阅读行为，是对主体精确把握后的视觉化演绎。在筒子页的基础上，变换出 M 折页、双折页、长短插页等形态，使信息相互渗透、彼此延续，在互动翻阅的过程中呈现出多种多样的姿态。这套书虽然以传统书籍形态作为设计的基础，但是其装帧并不拘泥于古籍原有模式，比如其中的 M 折页、双折页、长短插页和为了更好更清晰传达文本信息的配页设计，以及梅兰竹菊四君子图案的书脊订口样式，皆散发出不同于传统古书的现代气息和纸书特有的魅力，同时也更有层次地传达出文本内容的主体性语言。翻开此书，“半亩方塘一鉴开，天光云影共徘徊”的感觉油然而生。（图 6

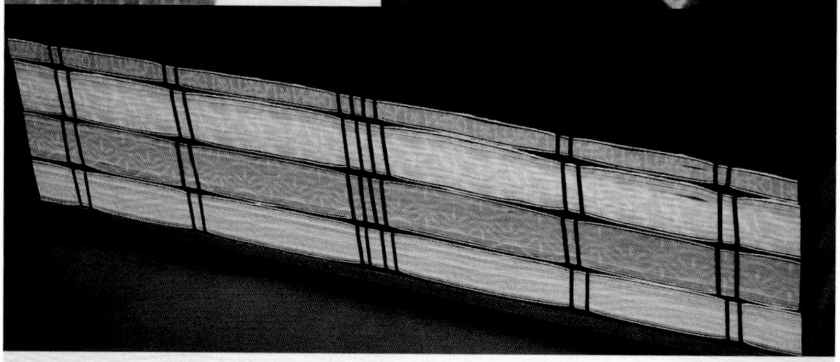

图6

《怀袖雅物》，敬人设计工作室设计，2010年）

从阅读方式上思考订口和折口的设计

书的本质不言而喻是被阅读，因此对于订口和折口的研究，也应该从阅读方式上去思考。书是一个六面体，其形态存在的三个维度以及阅读过程中所贯穿其中的时间元素，通过翻阅，产生空间变换和节奏，使原本平淡无奇的平面性阅读变成令人回味的多维度阅读，而各种不同的阅读进程，即构成阅读方式。订口和折口之于阅读方式上的作用，在于通过它们，针对不同主体的传达需求，把控传达内容信息的秩序和节奏，与阅读者的互动中产生相应的不同翻折行为的阅读方式。中国书籍的形成和发展，经历了简牍制度、卷轴制度、册页制度，[4] 而在册页制度时期，由于受到纸的广泛应用和隋唐时期雕版印刷术发明的划时代影响，在很大程度上影响了书籍形式的演变，由卷轴装进而发展为册页形态，包括经折装、

[4] 吕敬人：《书艺问道》，中国青年出版社，2006年，第12页。

图 7

旋风装、蝴蝶装、包背装、线装，中国书籍随之不断变换着模样，或卷、或折、或翻，一路发展并提供给历代阅读者截然不同的阅读方式。现在越来越多的设计师意识到阅读设计的重要性，在书籍设计作品中不乏运用订口与折口来对阅读方式进行设计的范例。例如著名书籍设计家刘晓翔先生的作品《2010—2012 中国最美的书》，每件作品都由一个单页和一个三折页组成，因此在阅读时也就产生了两种或以上的阅读方式。当读者不打开折页时，可以流畅地阅读到每个作品的简介、略图和评委评语；而当读者翻开三折页时，则可以阅读到每个作品的细节图。这阅读行为上的一翻一折，不仅开启了不同程度的阅读，更使书籍重点突出、主次分明、详略有序。设计师通过折口的设计，去呈现一种阅读状态，同时以此来引导阅读者怎样去阅读这本书。（图 7《2010—2012 中国最美的书》，刘晓翔 + 刘晓翔工作室设计，2013 年）

从可视性及可读性上思考订口和折口的设计

可视性是指通过设计，突出传达主语性，让阅读者对阅读的内容一目了然；可读性是指阅读过程的流畅舒适。读者购书的目的，在于愉悦地获取信息的过程，阅读者大多都带着“这本书到底在讲什么”的好奇心来翻开一本书，因此通过设计使繁杂多样的内容变为主次分明、有秩序、有逻辑的趣味化创作便显得尤为重要。

荷兰画家埃舍尔的一幅画作《阳台》描绘了奇异的空间——在明媚阳光笼罩下的一处欧洲建筑，建筑上的一个局部向前凸起变形，这个变形的空间是一个敞开着门的阳台，像是被凸透镜扩大了一样，奇特的视觉诱惑着观者，在观者视线接触画面的第一时间涉猎观者的注意力。经营好书籍设计上的可视性和可读性当然不仅仅是吸引眼球那么简单，它包含在整个文本传递体系的视觉化塑造之中，包括有内容信息、文字、图版的构成格局的设计以及形态把握选择等等。（图 8《阳台》，埃舍尔，1945 年）

通过订口和折口设计创造阅读节奏层次，在内文结构和视觉逻辑关系方面下功夫，使主题明晰，让阅读者迅速并准确感受到所要传达的主题，把握书籍形态的可视性特征。

通过订口和折口设计建立利于阅读、提供舒适流畅感受的视觉系统，创造清晰可读性，与书籍种类及其相对应的装订方式有很大程度的联系。例如一些很厚的大部头书籍，如果是用把内页装订位与封面黏合的连脊方式装订的话，打开后靠近内订口处常会出现自然弧度，使相连的两个页面距离缩窄，因此内订口处需要留出较大位置以保证阅读的清晰流畅；倘若大部头书籍以空脊方式（即内页装订位不与封面黏合）或是裸脊方式装订的话，则书籍能够完全打开，那么内订口处只须按正常情况留出位置即可。例如我设计的一本画册《泰茂速写》，文本内容较多，成书较

图8

厚，同时内页作品图版有一部分跨页设计，因此，在装订上采用裸脊处理，确保阅读者能够毫无障碍地欣赏到跨页设计的图版。另外，大部头厚本书籍如果以连脊方式装订，但封面与装订位置黏合部位选择柔韧性强、柔软度高的材料，也能免除内订口处不能完全打开的后顾之忧，创造舒适流畅的书籍可读性。例如我的另一件设计方案《厚积薄发·广州美术学院水彩画 60 年》，同样是一本大部头厚本书，但在封面与装订位置黏合部位我选择以柔韧性及柔软度佳的布代替厚纸，从而使书籍基本上具有能够完全打开的效果，那么同样，在内订口处只须按正常情况留出位置即可。（图 9《泰茂速写》，吴绮虹设计，2013 年。图 10《厚积薄发·广州美术学院水彩画 60 年》，吴绮虹设计，2013 年）

从时间节奏上思考订口和折口的设计

由一张一张的纸折叠装订而成的书，在被阅读的过程中，包含着时间矢量关系的递增。翻开的难易快慢、生硬与轻松之别，是对于阅读进程上的时间设计，设计师在阅读节奏的把握上，犹如为书籍的阅读进程安上了一个电脑程序，

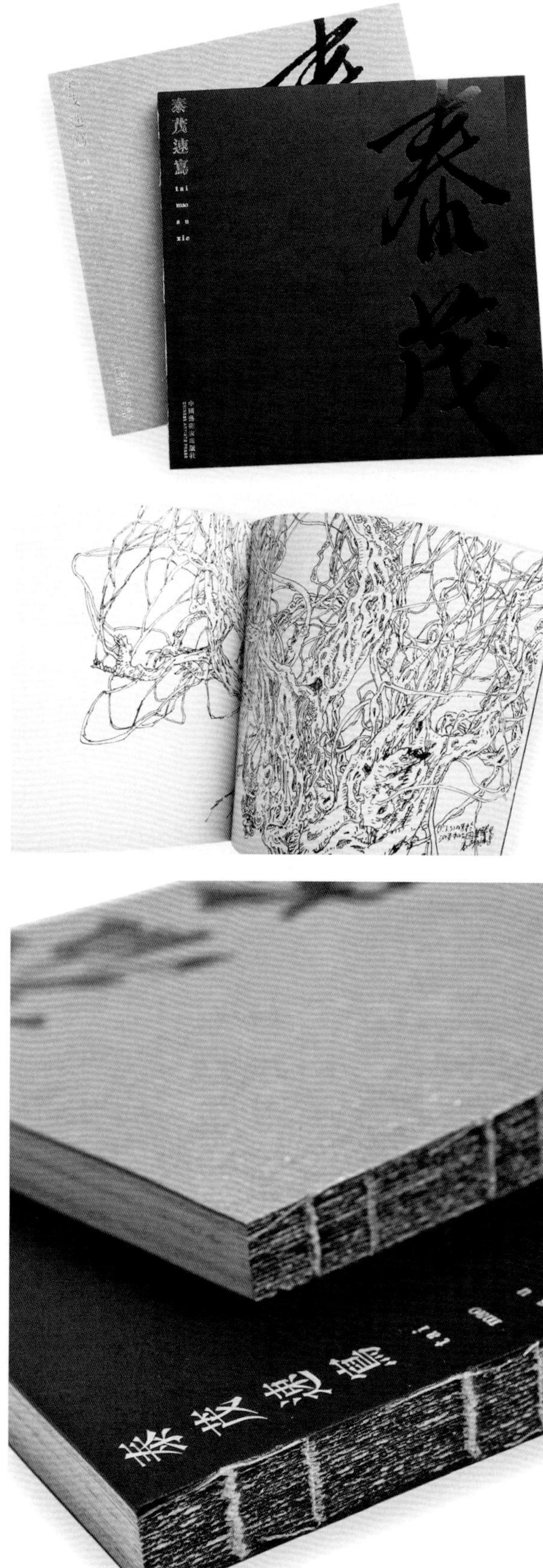

图9

SPUR WITH LONG ACCUMULATION
A COLLECTION OF 60 YEARS
WATERCOLOR PAINTINGS FROM
GUANGZHOU ACADEMY OF FINE ARTS

图 10

图 11

图 12

这个“程序”相对精准地让读者自然而然地在那里停驻、在那里飞跃等等。阅读者翻阅书籍的过程犹如是在观看一场“书戏”。这出戏，在设计师的导引下，沿着一条既定的剧情线路进行，或流畅、或间断、或突变，使陈述信息的流动过程富有节奏且层次分明。

1. 连续性

连续性在这里用来指连续流畅的阅读体验。时间的流动具有一维性，它是线性运动，连续移动的。以书籍的内容为导向，寻求主语表述的准确方式，文字和图像通过编辑设计，按线性方式经过一系列的有序排版，形成一气呵成的阅读过程，体现了阅读设计的连续性。

2. 骤断性

骤断性是指阅读行为的短暂停顿。[5] 人们在阅读的时候，通过眼视手触，进而用心领会，整个大脑和心理都处于紧张状态，通过订口和折口的设计使阅读进程适当中断和停顿，对缓解阅读疲劳、调适心理能产生很大的作用，有时对于内容本身也起到过渡铺垫、承上启下的效果。以敬人书籍设计工作室的书籍设计作品《书戏》为例，这本书收录了 40 位书籍设计家的精选作品，展示了 40 位设计家在书籍设计这个舞台上导演的一幕幕别具一格的“书戏”。书中对每个设计家的设计作品予以平均若干页面的介绍和展示，每隔 8 位设计师的作品页面就设计了 8 页插页，插页的颜色各异并印上各种动态的“手玩花绳儿”的插画，呼应“书戏”这一主题，使阅读过程有所停顿，犹如音乐中的休止符、戏剧演出的过场，在一定程度上舒缓了阅读的紧张感，给予一定的视觉及心理刺激，使阅读过程充满愉悦。（图 11、12《书戏》，敬人设计工作室设计，2010 年）

[5] 刘群：《论现代书籍设计的非线性时间结构》，载《装饰》，2011 年第 9 期。

3. 跳跃性

跳跃性指的是阅读行为及其视觉思维因订口或折口的设计而产生跳跃，使持续单一的线性阅读变得丰富起来。著名设计师杨林青先生设计的《这个世界会好吗 · 向京作品》，运用不同内容的插页设计，在作品的展示中不经意地插入展览空间、跟主题相关的外围社会事件以及当时的创作状态记录，使读者对于作者及其作品的认识更加丰满，也使作品集更加具有文献性，同时还让阅读的过程充满了跳跃性。（图 13《这个世界会好吗 · 向京作品》，杨林青设计，2011 年）

图 13

4. 平行性

平行性是指通过订口或折口的设计使一本书籍变成多个部分的组合，或者说多本书籍并存为一本大的书籍，并且这多个部分可同时阅读。设计师以准确传达内容为导向，加入自己对文本内容、情感的理解，将各种元素进行分解、组合、置换、重构，并因此而产生其特有的传达系统和节奏规矩。

例如著名荷兰书籍设计家依玛布的一本书籍设计，这是艺术家 Ange Leccia 的作品集。这位艺术家的作品是由各式照片拼贴组成的，这些在不同时间和地点摄取的客观影像被作者按照其主观逻辑并置在一起，形成新的视觉形式。这种构成虽然只是作品的外在表现，但图片的客观性与作者创作意图的主观性同构正是其作品的核心。[6] 通常，书籍页面的连接是固定的，然而依玛布为这本书设计了一系列的折页方式，以使客观与主观并存，通过折叠，页面的排列方式变得自由开放起来：10 张纸上分别印着作者的 10 张摄影作品，每张纸的正背面都印着同一张摄影，通过对折形成本书的开本。当读者在阅读时，会根据自己的意愿翻开，因此便呈现出摄影的 1/4、1/2 或全貌，同时在不同的呈现过程中，与另一页面的图像平行并置，并产生不同的视觉。读者的自由组合，给了自己一个自己做剪辑师的机会，体现了阅

[6] 李德庚主编《固态阅读》，甘肃人民美术出版社，2008 年，第 31 页。

图 14

读节奏上的随机性，更重要的是主观性的参与令此作品的核心得以同步体现。（图 14《Ange Leccia》，[荷兰] 依玛布设计，1994 年）

5. 随机性

随机性是指通过订口或折口的设计使阅读者在阅读的过程中，根据不同需要而随意选取不同的章节内容。随机性的运用能生成很多有趣的组合，令人浮想联翩，对增加阅读趣味以及阅读者与书籍之间的互动均能产生很好的效果。

订口和折口的内涵

观念的折射

书籍作为一个集各种复杂要素于一身的内容综合体，如何在设计中赋予各种视觉要素以和谐的秩序，并对其注入精神性的表现和富于生命力的演化，是书籍设计的思维。德国著名书籍设计师 G.A. 卡德威针对书籍设计曾发表过一段精彩的言论："当我们从头到尾去阅读书籍时，无疑最重要的部分是理念——一种'物质之精神'的创造。"[7] 设计师在感悟文本传达出来的某种心理或精神诉求的冲动下，将原本隐藏在表象之下的精神性特征视为一种设计的追求，"形式即观念"的表达，在某种程度上扩

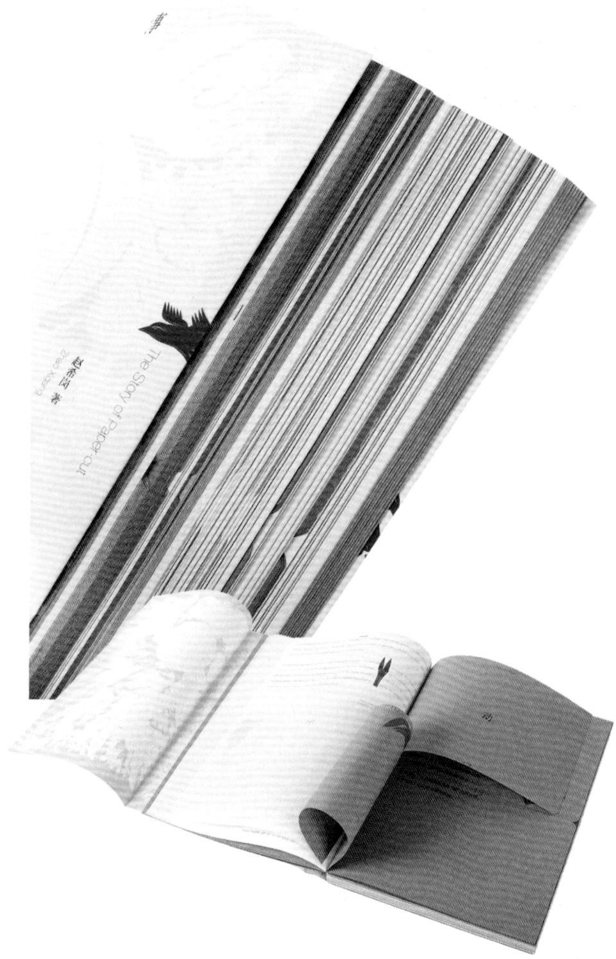

图 15

大了阅读认知的范围。获得"世界最美的书"奖项的书籍设计作品《剪纸的故事》，围绕剪纸作品的个性特点进行了大量的有序运筹和整体编辑，在订口的设计中，设计了从订口处由内向外横向切断的部分书页，在阅读者的翻阅过程中，被横向切断的页面灵动飞扬，为阅读者贯入剪纸动态的真切感和潜在观念，力求还原"剪"的行为；同时本书装订所采用的彩色线，随着翻阅，每帖中心的内订口处及外订口的装订线部位呈现出的不同的彩色线也与多色的剪纸相互呼应。在这个书籍设计作品里，订口不仅是物化的，更是有丰富内涵的文本观念的折射，甚至可以说是信息的本身，这也是留给阅读者在阅读中的思考。对于文本内容具备深刻理解后，去挖掘文本之外的信息作为创意的发源点，折口处的设计虽"不着一字"，却"尽得风流"，大有"四两拨千斤"的效果，令人浮想联翩，在

[7] 郑晓卓：《翻开后的变奏——试论书籍设计的"五感"》，http://d.wanfangdata.com.cn/Thesis_Y1529634.aspx

图 16

很大程度上增添了阅读的价值。（图 15《剪纸的故事》，吕旻、杨婧设计，2011 年）

潜在的游戏

当作者的观念、文本隐含的形而上的思维通过某种物化形态呈现出来，阅读便成为一种心理和精神层面理解的活动，[8] 成为阅读者与作者之间思维上的相互参与融合。从阅读体验到感受联想，将读者引入深层次的思考，阅读不仅是获取信息的过程，还是开启阅读者自身想象和智慧延展的密钥，并因主体理解程度的不同而成为不断循环的再创造交流，这时，阅读便充满了令人心旷神怡的游戏性。这种游戏性贯穿于整个阅读过程，设计师更多的是以理性的逻辑去组织驾驭，以尽可能精确的物化形式去传达文本内涵，这是个不确定的游戏，也许有人为之会心一笑，但也许有人无动于衷，这当然关乎每个阅读者不同程度的心理触觉敏感度和思辨能力，但更关乎设计师本身对形式传达的探索。形式的探索之于书籍的意义自不必说，而阅读者的行为、心理和感受尤为重要。我设计的《兔子的尾巴》，是一本描述主人公难以名状的抑郁情绪的小说，全书的设计透着晦涩压抑的气氛，为的是契合这本小说的主题。页码印刷在订口处，轻轻翻开书时，会看到黑灰色页码的小局部，因此激发了阅读者的好奇心，触动了阅读者用力掰开书籍订口处察看的行为；看似散落于订口的页码，如主人公无处安放的压抑情绪，随着阅读者每次翻动书页，这种晦涩的心理像是被一次次无情地揭开又压制，而滑落到订口处这“深渊”。这虽然是订口上的平面设计，但却是基于深刻理解文本内容后所产生的视觉形式，注重的是阅读者翻阅时与其的互动及对其的理解，在书籍设计的时空变化中去感知纸背后那些似乎看不到的东西。在订口和折口的设计上，设计师依靠自身的设计谋略，试图获取不同阅读个体对于内容的感知和互动。阅读者在阅读书籍的时候留下一种智慧体察的“轨迹”，沉浸于趣味生发的情绪。（图 16《兔子的尾巴》，吴绮虹设计，2012 年）

[8] 曹方：《实验——新的观念与形式的生发》，载《书籍设计》第 9 辑。

阅读的趣味

世界著名平面设计家、被誉为书籍设计界巨人的杉浦康平先生在他的著作《造型的诞生》中曾这样提到：“把书拿在手中，翻开书页，首先映入眼帘的是两页相连即对开的纸面。对开为一个单位。这是书籍装订时的基本空间。对开的纸面连接起重叠的无数空间，编织出文字和绘画的一个完整故事（实际上是复述的故事情节同时展开，时有倒叙，有着诸多不规则的流向）。随着翻页不断出现对开页，故事情节逐渐深入展开。书籍和电影、电视一样，是每个瞬间的重叠，它伴随着戏剧性的变化流动着。由此可见，书与电影、电视一样是包含着时间的媒介。书，既是平面，又是立体；既有时间，又有空间；既产生戏剧性的

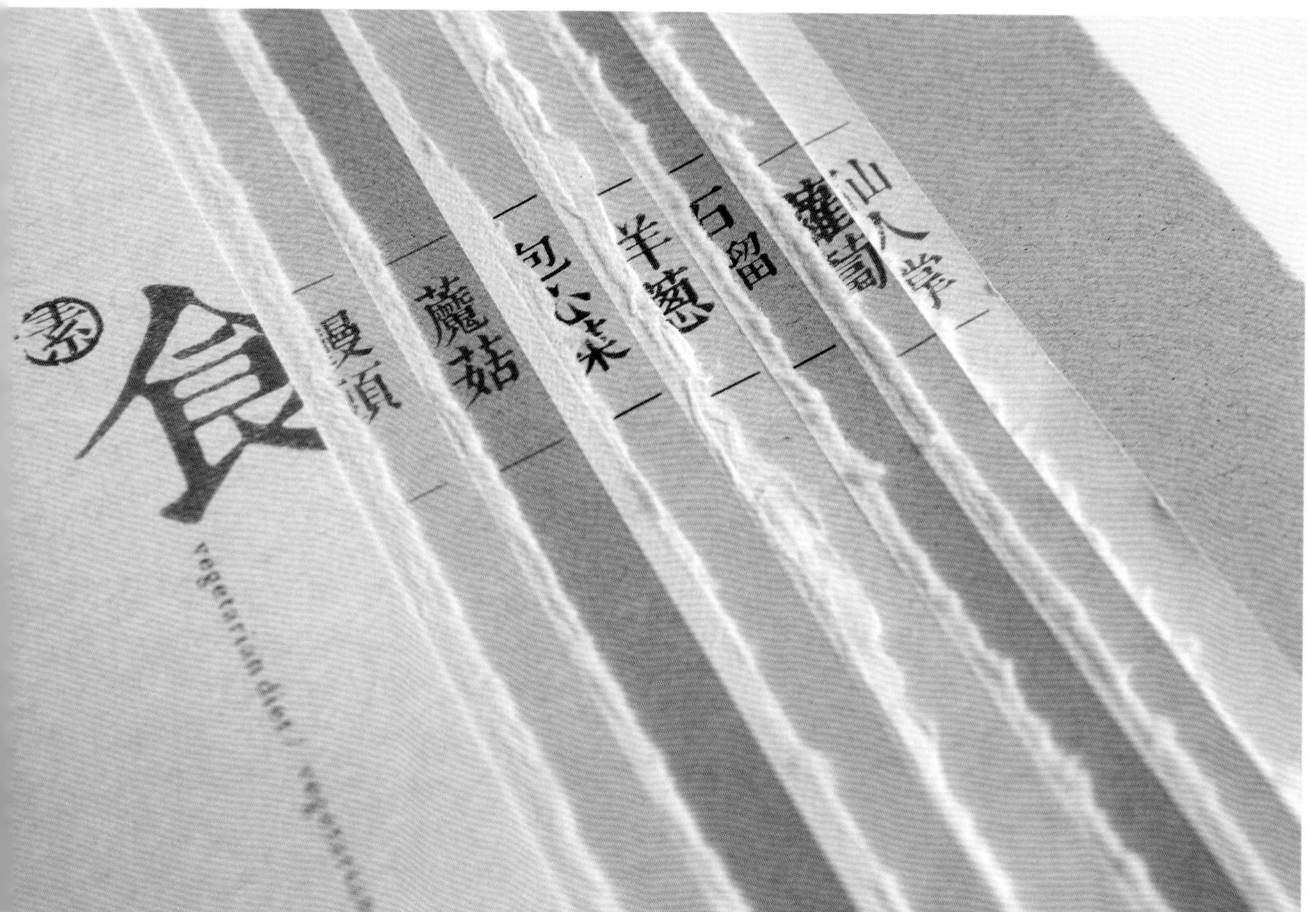

图 17

图18

情节，又运动不息……”[9]

确实如此，书籍在被翻阅的过程中，富有变化的纸张在不断地开启封合折叠中，文字、图像、色彩随着翻阅倾斜、聚集，呈现一系列运动轨迹，书籍设计中的时间与空间的变化也得以展现。这不同于长久以来，由于书籍多以文本出现，加上现代电子书普及，人们习惯于仅仅通过阅读获得知识和信息，这种习惯性的心理从某个角度来说，未免有点狭义。然而也正是由于受益于现代互联网的发达，人们获取信息的渠道不断增多，因而人们在纸本书籍的阅读中，渴望获得更多的内容。这些内容往往是出自阅读的设计。对于订口和折口的设计，有时是看似“无用”的，但这些看似“无用”的内容，实际上却是阅读设计上对于书籍时空的展现、信息秩序化整合、情感生命力的注入、满足某种精神诉求或审美需求等所做的“有用功”。这恰恰迎合了现代读者的心理需求，各式各样的订口和折口的设计引发的不同翻折行为，对书籍的元素、构成、形态等提供再创造的可能，让阅读者拥有自由的阅读路径及视线流，同时对阅读过程产生了趣味性的延展。

例如我设计的一本书籍《素食》，学习中国古代书籍形态旋风装，按照内容的顺序，在订口处逐次订连，错落参差，使每一页都略长于前一页，增添了视觉上的趣味性，同时结合版面设计使每页略长的部分亦具有目录的功能性作用，让阅读者能根据需求而自由选择想阅读的章节。（图17《素食》，吴绮虹设计，2012年）

[9] 杉浦康平：《造型的诞生》，李建华、杨晶译，中国人民大学出版社，2013年，第127—128页。

另外，值得一提的是立体书的设计，随着翻开，立体的图形显现眼前，形态从订口处产生，在书籍的四维空间里生发出别样的趣味，其设计的巧妙运用能产生许多吸引眼球的巧妙视觉效果和优秀的作品，因此，它的作用不可小觑。订口和折口的设计，有时是为了增强可读性，有时是为了提供互动的可能，但更多时候是关于阅读趣味性的探求。（图18《TRAIL》/ PELHAM / Little Simon）

多向的互动

阅读的互动性是书籍设计所关注的重要形式表现，包括人书互动的方式、互动的程度、互动的结果及阅读者的主动性。时间与空间是贯穿在书籍阅读过程中看不见却始终存在的一条线，这条线随不同阅读个体而变化。同时，在翻阅的过程中，各种感受得以召唤、各种情绪得以汇集，进而引发各种思考联想，形成不同个体相对不同的理解和印象。对于一些参与性、探索性更强的书籍而言，有时甚至在互动过程中去引导启发阅读者建立、添加抑或删减以及完成内容。例如著名荷兰书籍设计家依玛布的另外一本书籍设计作品，这是她为一位荷兰亿万

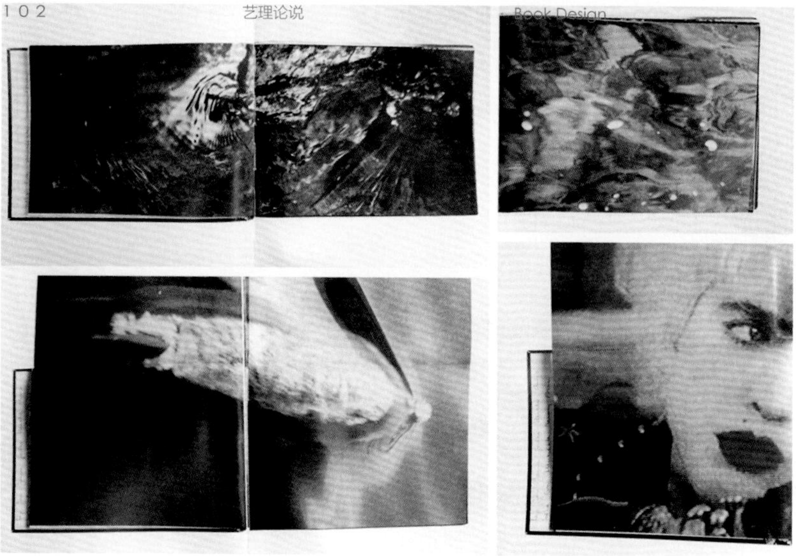

图 19

富翁所设计的书。当时，这位设计委托人为了庆祝自己 50 岁生日，特地请依玛布设计了这本汇集自己的一些诗、画、摄影作品的书，并分送给亲友。这本书可以从两个层面上去阅读。第一层，当阅读者翻开这本书时，首先映入眼帘的是这位委托人手绘的山脉图画以及某些哲学感悟，与一张张水纹的特写照片相互融合为整体；接着，当读者打开折页，进入第二层，便会看到一些家族旧照、水景及海豚，如同从水面上慢慢潜入水底。[10] 在设计者的阅读规划下，读者一层层地进入这本书中的世界。这是通过订口，展示对于阅读方式的设计，而在对于这本书的阅读设计上，设计师无疑着重于阅读者对于阅读到的信息的解构重建，实现妙不可言的人书互动。（图 19《52° 5' N5° 8' E10.3021031941N° 835》，依玛布设计，1991 年）

书籍因订口和折口的设计而呈现不同的纸张开合的物化形态，生成多方位的信息流，不同的翻折产生不同的组合序列。其中，有可能是结构表现上的不同，也有可能使内容发生变化，当然这样的互动状态是设计本身的预期，却常常给人以“出其不意”的美妙感受。例如有些书籍，在订口处设计了手撕线，使折页与订口连接在一起，阅读时需要用手撕开手撕线部位，才能看到折页里面的内容，如果想要保持订口处的完整性，那阅读者便无法完全阅读书中内容。在这本书里，设计师巧妙地利用了书籍的互动性，给阅读过程设置了“路障”，使阅读者有了期待，有了好奇，有了浓厚的一探究竟的欲望。

[10] 李德庚主编《固态阅读》，甘肃人民美术出版社，2008 年，第 13 页。

[11] 乌塔·施奈德：《书籍设计，不为艺术而艺术》，见上海市新闻出版局、“中国最美的书”评委会编《最美的书文集》，上海人民美术出版社，2013 年，第 183 页。

易读性关怀

对于订口和折口在书籍设计方面的探索，不仅在于其对于书籍本身的意义，更关切到阅读者的行为、心理层面和感官相互交织的需求。现当代，海量信息充斥，文字信息、视觉图像泛滥，设计者细致地关注到人们因此而日渐失敏的感官系统，将全面的感官体验引入阅读的层面，从阅读者的角度去思考订口和折口的设计有效性，也是体现书籍设计中天人合一的人文性关怀，使书籍具有内在的力量，以达到书籍至美的境地。

结论

德国设计家乌塔·施奈德说：“书籍垒起我们的文化身份。它们体现了幻想、创造、知识和直觉。”[11] 的确如此，阅读不仅仅是获取信息的过程，还是开启阅读者想象和智慧延伸的密钥，书籍设计使作者的观念以及文本隐含的形而上的思维通过某种物化形态呈现出来，使阅读行为成为阅读者与作者、文本之间的相互参与融合，阅读者的心理和感受使其成为不断循环的再创作交流。

书籍中的订口和折口的设计，不仅仅是物质的、功能性的，而且是秩序化整合文本信息、展现书籍阅读时空节奏、注入文本情感生命，以及满足某种精神诉求的实现阅读设计的手段。在近年来的国内书籍设计作品中，不难看到，越来越多的设计师意识到书籍订口和折口潜在的内涵和设计空间。但是，国内有关订口和折口设计的系统论述和研究，还较为匮乏，因此，我撰写了这篇论文，以此对其进行系统的梳理。本文从订口和折口的概念入手，简要地叙述了订口和折口的起源及发展变化，整理出订口和折口的物化形式。采用归纳、例证、演绎等方法，提出多维度对其设计进行思考，包括从主体性、阅读方式、可视性和可读性，以及时间节奏上去思考。对订口和折口设计的内涵进行了论述，提出它们对于内容观念的折射、游戏性、趣味性、互动性以及易读性关怀的重要作用，以便设计师在实践中较全面地理解、运用订口和折口的设计，创造出更多不落陈规的优秀作品。

今天，信息网络化已成必然趋势，数字出版、电子阅读成为当今时尚潮流。不可否认，电子载体方便、快捷、节能、环保，iPad、Kindle 等电子阅读人群越来越多，数字化阅读俨然已变成现代人的一种新的生活方式。大家都在讨论：电子书的出现是否会使纸书走向消亡？众说纷纭。其中有一种说法是未来的阅读群体会分众，纸书和电子书是可以并存下去的。这使很多设计师开始反思未来纸书设计的未知空间开发。这也是我撰写这篇论文的另一个原因，通过对纸书特有的订口和折口设计的研究梳理，使人们感受到纸书的价值。当作者的观念、文本隐含的形而上的思维通过某种物化形态呈现出来，阅读便成为一种心理和精神层面理解的活动，[12] 成为阅读者与作者之间思维上的相互参与融合。在纸书遍受挑战的今天，对书籍中订口和折口设计形成更为全面的认识，有利于设计师开拓设计思路、保持对事物的高度敏感和思辨能力，也更有利于促进未来纸书设计的发展。

[12] 曹方：《实验——新的观念与形式的生发》，载《书籍设计》第9辑。

参考文献

1. 曹方：《实验——新的观念与形式的生发》，载《书籍设计》第 9 辑。
2. 戈思明主编：《艺术家的书——从马蒂斯到当代艺术》，台湾历史博物馆出版，2007 年。
3. [日] 臼田捷治著：《旋·杉浦康平的设计世界》，吕立人、吕敬人译，三联书店，2013 年。
4. [美] Kimberly Elam 著：《设计几何学——发现黄金比例的永恒之美》，台北积木文化出版社，2008 年。
5. [美] 鲁道夫·阿恩海姆著：《视觉思维》，滕守尧译，四川人民出版社，1998 年。
6. 李德庚主编：《流态阅读》，甘肃人民美术出版社，2008 年。
7. 李德庚主编：《观念越狱》，甘肃人民美术出版社，2008 年。
8. 李德庚、蒋华著：《社会能量：当代荷兰交流设计》，印刷工业出版社，2008 年。
9. 刘群：《论现代书籍设计的非线性时间结构》，载《装饰》2011 年第 9 期。
10. 吕敬人著：《书籍设计基础》，高等教育出版社，2012 年。
11. 吕敬人著：《书艺问道》，中国青年出版社，2006 年。
12. 迷盒、联合视务著：《COVER》，江南布衣出版社，2013 年。
13. [日] 杉浦康平编著：《亚洲的书籍、文字与设计》，三联书店，2006 年。
14. [日] 杉浦康平著：《造型的诞生》，李建华、杨晶译，中国人民大学出版社，2013 年。
15. [日] 松田行正著：《零 ZEЯRO：世界符号大全》，黄碧君译，中央编译出版社，2012 年。
16. [德] 乌塔·施奈德：《书籍设计，不为艺术而艺术》，见上海市新闻出版局、“中国最美的书”评委会编《最美的书文集》，上海人民美术出版社，2013 年。
17. 赵清：《建构纸空间》，载《书籍设计》第 6 辑。
18. David Choi,Gallery. Fremont: Choi's Gallery,2011.
19. Johanna Drucker and Emily McVarish. Graphic Design History. New Jersey: Pearson Education Inc.,2011.

吴绮虹近作《汕头旧影》

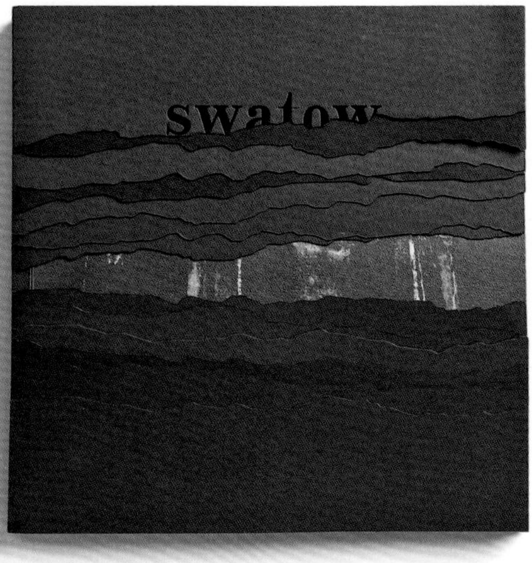

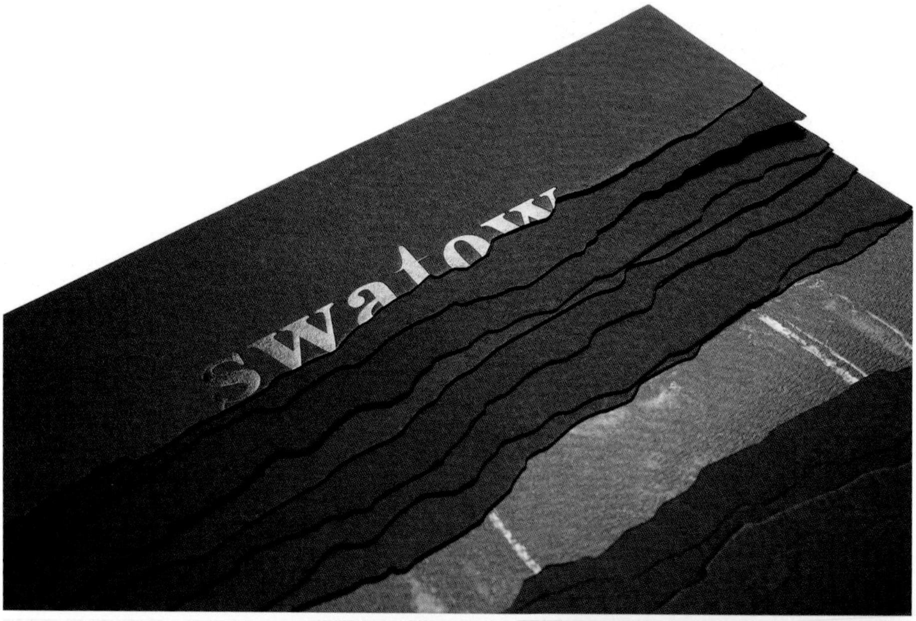

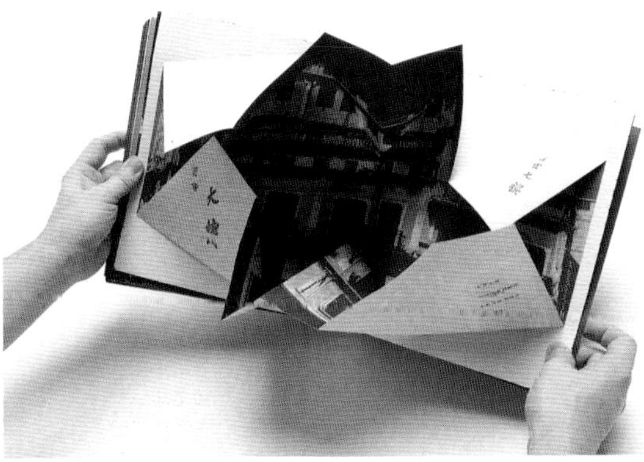

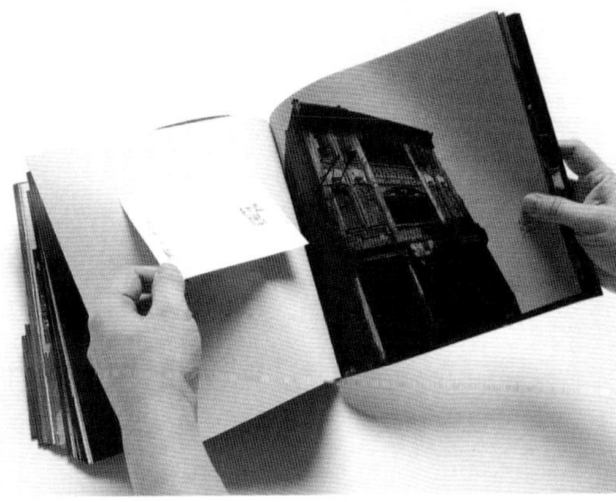

艺理论说

李宏庆

格局·格调

——谈义务教育新疆专用小学语文教科书整体设计

李宏庆

书籍设计师
人民教育出版社
美术设计部主任编辑

义务教育新疆专用小学语文教科书于2012年启动编写设计任务，至2013年9月，起始年级用书正式出版供新疆地区使用，过程历时近一年。本文将对新疆小学语文教材的整体设计做扼要的论述。表述设计理念，介绍全书的结构体系和插图体系，分析具体设计元素间的相互关系。把整体设计格局中的元素合理布置，体现出应有的格调。将内容与形式间的关系做到相互融合，通过有规划的形式更好地学习本体内容。

义务教育新疆专用小学语文教科书，以国家2011年颁布的《义务教育语文课程标准（2011年版）》为依据，遵循语文教育的基本规律，继承我国语文教育的优良传统，吸收本世纪以来语文课程改革的经验，努力为新疆各民族师生提供一套高质量、有特色、满意的新教材。如何编写并设计好一套适合新疆地区少数民族孩子使用的语文教材，编者与设计人员都进行了诸多的创新工作。笔者将对这套教科书的整体设计做扼要论述，与读者分享设计的体会与经验。

新疆小学语文教科书整体分为一至六年级阅读教材（12册）和一至二年级听说教材（4册）。本文以阅读教材为例，介绍整体设计的理念并分述结构体系和插图体系。

一、教科书设计的整体理念

以往新疆地区双语教育（模式二）使用的汉语教材是人教版实验教科书，这是在全国通用的一套语文教材。对于非母语的少数民族地区孩子来说，除去学习难度较大外，也缺乏反映新疆少数民族孩子日常生活的内容。所以，本次编写设计的新疆语文教科书，其内容编写、插图绘制都充分考虑到了这一点，可以说这是一套专门为新疆地区量身定制的语文教科书。

“书籍设计应该具有与内容相对应的价值。”[1] 优秀的教科书除了有好的内容编写外，还要有与之相匹配的设计。好的设计不但可以帮助学生提高阅读和认知的准确度，还可以

[1] 吕敬人．书艺问道［M］．北京：中国青年出版社，2009年：6.

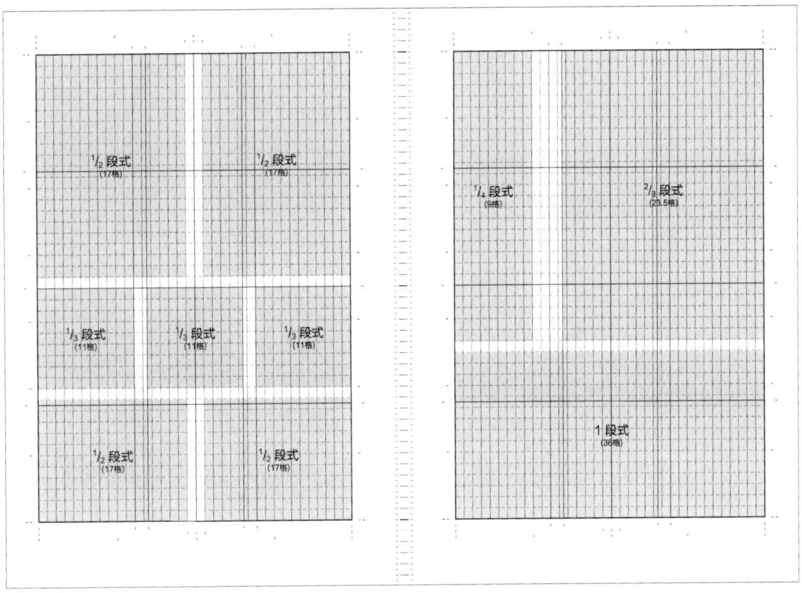

1

1. 义务教育新疆专用小学语文教科书版面网格系统

增加兴趣，提高学习效率。如何将一本书的设计内容（包括开本、网格、字体字号、图标、色彩、插图等）组织好，配合文字内容形成匹配的格局、体现出应有的格调是设计者需要费心考虑的事情。

本次义务教育新疆专用小学语文教科书在设计的过程中，经过与文编和作者的反复讨论，总结并制定了如下一些设计标准。第一，语文教科书是学习语言文字的基础工具，它的设计要简洁大方。要在突出内容认知的前提下进行设计工作，不能只注重画面、版面效果，而影响文字的学习。第二，插图是语文学习的重要组成部分，插图对一本书格调的形成至关重要。其形式、风格和形象的确定既要有时代特征，又不能媚俗，要兼具审美的引导作用。第三，版面设计要符合现行标准，同时还要兼顾传统教学习惯的一些要求。

将上述设计原则贯彻到具体的设计环节中，把整体设计格局中每个部分之间的关系布置得当，围绕优化文字呈现的原则，使形式与内容紧密结合，构成一个完整的“共同体”，才能形成一册教科书独有的格调。

二、教科书设计的结构体系

本次新疆小学语文教科书的整体设计系统是依据《中小学教科书幅面尺寸及版面通用要求》（2009 年修订版）的国标来规划设计的。设计的结构体系包括了如下几个方面内容：开本的选择、网格系统、字体字号系统、图标系统和色彩系统。这几方面内容确定了教科书的基本结构体系。

1. 开本的选择

本次人教版新疆语文教科书设计选择的是国标中的正度 16 开尺寸。与以往的大 32 开语文教科书相比，尺寸有所增加，这样在字号的选择和插图表现的感染力上都会有更大的空间。但由于开本的增大，总的印张数不能增加，要基本符合教育部对义务教育教科书整体印张数的要求，所以在编写的过程中，编辑和美编会对文字与配图的占比关系反复考量，以求保证在所学内容尽述的前提下，还要做到版面视觉有较好的效果呈现。

2. 网格系统

“版面设计的网格是文字、表格、图片等的一个标准仪。它是一种未知内容的前期形式。”[2] 在开本确定的前提下，笔者使用了人教版义务教育教科书的网格系统。人教版义务教育阶段的教科书统一了开本尺寸（正度 16 开），设计制作了统一的网格体系。它将版面分为 46 格 ×52 格，版心分为 36 格 ×42 格。根据横向阅读的习惯，在这些基础格子中会分成一到四段——四种段式结构（见图 1）。根据内容和版面的需要，文字和插图会在这些规矩中进行游走和排列，控制它们之间的位置和比例关系等，通过不同段式间的关系形成有秩序的版面，使阅读产生节奏感、愉悦感。

[2] ［瑞士］Niggli 出版社 . 版面设计网格构成［M］. 北京：中国青年出版社，2005 年：13.

2

3. 字体字号系统

义务教育新疆专用小学语文教科书的字体字号也在人教版义务教科书的框架下进行了统一的设计。这样不仅使各学科之间的字体字号有了系统性，还使得不同的字体和字号表示不同层级、不同栏目的功能更加明确，同时具有了系统的关联性。

如正文类字体选择方正楷体，包括课文（标题和正文）、日积月累、我爱阅读；练习题干类选择方正书宋，脚注、对话选择方正仿宋。由于开本空间的增大，字号的变化梯度也更加显著（从标题 31.5pt 到对话的 10.5pt），阅读的层级感明显加强，主体文字的认读也更加突出。

4. 图标系统

图标系统较之原来有很大的变化。从老版本中具象人物或物品的写实图，变成图形的方式来呈现（见图 2），图标根据名称的不同分成几大类。例如，“我会……” 这一系列图标，左面是一个小孩的侧面像，右面通过不同的图示表达不同的含义，手表示做、笔表示写等。图标配合文字既表达含义，又形成内在的逻辑关系。希望学生在学习的同时，对概括的图形和抽象的概念有一个逐步建立的过程。

[3] [日]奥博斯科编辑部. 配色设计原理[M]. 北京：中国青年出版社，2009：14.

5. 色彩系统

版式色彩突出文字和插图的认读地位，弱化色彩的使用。“我认为色彩本身是没有责任的，在很多情况下，形象是非常重要的，一些形象、外形很优秀的绘画作品或写真作品，不需要搭配多余的色彩。”[3] 鉴于此，全书的版面色彩主要在篇目、课标题、练习等部分的这些节点上采用统一的橘色设计。用这样统一的设计手法加强全书的整体性，不会因为过多色彩的对比弱化了对文字和插图的认知。小面积色彩对比变化的出现是为了服从某些区分、比对功能的需要。

三、插图体系

课文中的插图，除了具有与文字配合来呈现教学内容的重要功能外，还有着丰富版面、增加学生学习兴趣、潜移默化审美教育的作用。插图在小学语文教科书中占据了很大的比重，这一点在低年级的教科书中尤为明显。插图设计是整体设计格局的一部分，不能离开整体设计而自行其是。插图的风格与形式如何选择定位，插图、文字在版面如何有机融合，是本套教科书整体设计过程中需要考虑的一系列问题。

1. 插图形式的确定

选择手绘效果的形式是审美的回归。在上一轮的实验教材使用过程中，插图绘制正值流行 “电脑风”。插图的绘制形

3

2. 义务教育新疆专用小学语文教科书图标系统
3.《乌鸦喝水》插图

式多为封闭式勾线，然后在着色区域中涂上均匀的平色和渐变色，色彩效果强烈，“电脑味”十足。但一段时间后，随着市场上绘本（手绘居多）的逐渐兴盛，读者看到更多、更丰富的绘画作品，表现手法与形式更加丰富，对这样“电脑味”十足的表现形式，产生了审美的疲劳。作品少了一些绘画和文学的味道，让人对手绘作品的本真和丰富性有了些许的怀念。虽然教科书插图与绘本的插图有所不同，但除去教科书插图承担的教学视觉符号功能外，艺术形式的选择上还是有共通之处。本次在插图的风格上选择了以手绘为主体的表现形式，即使有使用电脑绘制的插图，也追求模仿手绘的效果（这也是技术进步带来的改变）。手绘效果形式的变化，使得整本教科书有了新的面貌。

2. 插图风格和形象的选择

选择适合文字内容表现的插图风格和形象。形式的确定是前提，在此形式下选择何种风格与形象是文编和美编需要共同思考的问题。插图整体风格，不同板块间的风格，同一板块里如何表现内容的差异，都需要通盘考虑。总的来说，课文类的插图在保证准确性的同时要突出艺术性，练习类的插图在确保正确表达的同时要加强趣味性。

课文插图中出现的各种形象，人物也好，动物也罢，要力求准确又不失意味。动物多采用拟人化表现的手法，使造型更生动。人物会根据不同内容题材的需求，或可爱，或朴拙，或秀丽……如《乌鸦喝水》一文（见图3），乌鸦的形象要准确，要让学生通过插图对乌鸦的基本特征有明确的认知，而乌鸦拟人的状态则完全通过眼神表现出来；再如《上学歌》一文（见图4），新疆的少数民族孩子形象基本写实而又可爱，整体面貌感觉很阳光，加上小鸟、太阳的内容配合，画面暖意融融、健康向上，很好地烘托了文字。

插图的色彩也有意把明度提高、纯度降低，不让过于浓烈的色彩充斥画面、干扰文字的阅读。这一点也和前述的版面色彩相呼应，因为“鲜明的色彩容易引起视觉的疲劳，比如有些教科书就有这种缺点”[4]。

3. 注重版面效果的插图与文字配搭形式

插图和文字相融一体使得版面的整体效果更加强烈。在以往的语文教科书中，插图与文字的界限往往比较分明，插图也多是以“豆腐块”的形式出现在版面中，使人感觉文字与插图是分离的，这样形成的连续版面节奏平均、缺乏变化，少一些阅读的兴奋点。在这次的版面设计中，更多地考虑了插图与版面文字的结合问题，把更多的版面空间进行整体考虑。例如，《送颜色》（见图5）一文，文章的行文是诗歌体例，文字量不大，留给插图的空间比较多。根据文意，构思了主人公文文坐在大树下，对着大自然写生

[4]［英］苏珊·贝里.色彩与设计［M］.台北：邯郸出版社，1992：7.

课文

shàng xué gē
1 上学歌

tài yáng dāng kōng zhào
太阳当空照，
huā ér duì wǒ xiào
花儿对我笑。
xiǎo niǎo shuō zǎo zǎo zǎo
小鸟说："早，早，早，
nǐ wèi shén me bēi shàng xiǎo shū bāo
你为什么背上小书包？"
wǒ qù shàng xué xiào
我去上学校，
tiān tiān bù chí dào
天天不迟到。
ài xué xí
爱学习，
ài láo dòng
爱劳动，
zhǎng dà yào wèi zǔ guó lì gōng láo
长大要为祖国立功劳。

1

4

4.《上学歌》插图
5.《送颜色》插图
6. 人民教育出版社新疆版《语文》封面

的画面。将大树、天空、草地和文文这些插图内容安排在版面的上、左、下三个位置，画面形成半包围的结构。在版面中央偏右的位置安排文字内容，这样的一种包容结构使得文字与画面有机形成一体，虽然插图的面积要大于文字，但因为文字占据了中心位置，又留有足够的空间，在插图的映衬下，反而更加突出了文字第一顺位的阅读需要。

4. 合理安排插图的比例既是内容的需要，也是版面节奏变化的需要

一本教科书中插图配置多少、大小没有一定之规，但随着年级的增长，插图应呈递减趋势。插图在教科书中所占页面比例，除去插图直接反映教学内容的情况（如识字、拼音等），课文和阅读部分配置的插图——是配置一幅反映主要内容的跨版大图，还是表达不同段落文意的散图，要根据课文的需要来安排。一般规律是大和小、整和散等方面的连续变化效果，要求页面的内容有节奏的变化，避免因插图的平均分布造成视觉变化单一的感觉。所以插图的安排要综合内容需要、版面效果两个方面来考虑。最后还要考虑到整体版面印张的要求，以期符合出版印制要求。

5. 合理的工作流程是实现内容设计优化、版面效果优化的前提保证

在以往的操作流程中，往往是文稿确定—约稿绘图—设计版式—排版制作—校样修改几个步骤。这样操作的弊端是文字和插图的整体设计感弱，插图的大小比例控制不精确，排版时很多时候需要迁就插图的比例。本次的设计流程是这样，文稿确定—文字推版—灌版精排—约稿绘图—版面效果—正稿绘制—排版制作—校样修改这些步骤。从上述过程可以看出，将版面设计的工作进行了提前，文字编辑和美术编辑一起，在插图约稿前就进行了整体版面的文字和插图的分配，预先做好设计，把整体设计的概念考虑贯穿其中。

这次义务教育新疆专用小学语文教科书的设计，结合人教社修订整体规划的一些内容，做了一些结构、风格和方法上的尝试与调整，美编可以从更多的环节中与文字编辑相互配合，使文字稿到最终版面实现的过程更加可控和优化。将包括文字在内的所有元素进行整体设计，使它们在一本书中形成合理的格局，使教科书的格调整体得到提升。

在教科书的送审评定和使用环节中，教科书的整体设计也受到了评审委员、老师、学生的肯定与欢迎，这既是鼓励，也是鞭策。教科书的设计工作是无止境的，希望在可以努力和改进的空间里不断地寻求进步，争取把更好、更美的教科书呈现给广大的师生。

sòng yán sè
5 送颜色
wén wen lái sòng yán sè le
文文来送颜色了。
lán sè sòng gěi tiān kōng
蓝色，送给天空。
hóng sè sòng gěi tài yáng
红色，送给太阳。
bái sè sòng gěi yún duǒ
白色，送给云朵。
25

5

义务教育教科书（新疆专用）
语文
一年级 下册
义务教育教科书（新疆专用）
语文
一年级 上册
义务教育教科书（新疆专用）
语文
二年级 上册

6

评鉴与解读

书的可能性
——英国空动剧团《我和博尔赫斯》观感

钟雨

1

1. 豪尔赫·路易斯·博尔赫斯
2.《我和博尔赫斯》是空动剧团的成名作
3. 书籍的散页纷纷下落，模糊了现实与幻境的界限

2

这些事，都发生在另一位博尔赫斯身上。我漫步于布宜诺斯艾里斯的大街小巷，偶尔驻足呆望某个厅堂的拱门和门上的格纹。关于博尔赫斯，我是从信件中知道的，他的名字出现在教授名册上，或者被印刷于人物传记辞典之中。我喜爱沙漏、地图、18世纪的字体排印样式、咖啡的味道和斯蒂文森的散文；他也一样，只不过是以较为虚荣的方式，像演员般尽情表现。如果说我们关系敌对，难免有些夸张了，我活着，并继续地生活下去，因为只有这样，博尔赫斯才能够从事文学创作，而这些文学作品证明了我的存在。我必须承认，他确实写过一些不错的篇章，但就算它们也无法拯救我，这也许是因为真正的成就不属于包括博尔赫斯在内的任何人，而属于语言和传统。况且，我必将走向灭亡，只有我的某些瞬间能够永存于他。他逐渐地替代了我，尽管在他歪曲事实和夸大其词的恶习中还残留着我的影子。

斯宾诺莎知道，任何事物都渴望存在为其原本的样子：石头希望它永远是石头；老虎希望自己一直是老虎；我希望我始终存在为“博尔赫斯”，而非“我”（如果我真是另外的某个人的话）。但我在他的书中找不到完整的自我，反而是其他的书籍，甚至费力拨弄吉他的瞬间，更能使我辨认出自己。这些年来，我一直想要摆脱他，从郊区的神话到时间与永恒的游戏，我做出了许多尝试，但这些游戏最终属于博尔赫斯，我则不得不另寻他法。这样我的生活才能随风而逝，我失去了一切，这一切都将被遗忘，或者将属于他，博尔赫斯。

我不知道是我们之中的哪一位写下了这些话。

——豪尔赫·路易斯·博尔赫斯《博尔赫斯和我》

空动剧团（Idle Motion）是风头正劲的英国新锐剧团，自2007年横空出世以来，受到业界不少好评。剧团创办者是6位非常年轻的年轻人——曾

3

经的童年伙伴，如今的合作艺术家。他们用来描述剧团的关键词是：顽皮、激情、创造。空动剧团所排演的剧目大都故事紧凑、情节跌宕，善于利用简单的道具营造出强烈的形式感。

《我和博尔赫斯》（即《博尔赫斯和我》，*Borges and I*）是空动剧团的成名作（图2），与博尔赫斯发表于1960年的短文同名，用温柔而有力的视觉语言，渐渐展现一个书的世界，跨越国界和语言的障碍，唤起一些久违的浪漫情怀，在2009年和2013年的爱丁堡艺穗节（Edinburgh Festival Fringe）上都曾大放异彩。英裔阿根廷作家豪尔赫·路易斯·博尔赫斯堪称20世纪最伟大的文学家之一，以富有哲理的诗歌、散文和短篇小说等著称。但博尔赫斯却说："别人都为他们写了什么而感到自豪，可我却为自己读了什么而自豪。"在剧中，博尔赫斯具有传奇色彩的一生与普通爱书人的日常生活交错上演，以此揭示读者和作者之间的微妙关系。

人对书的情感总是很神秘。书不过是由一些纸张连接而成的册子，加封面，粘环衬，脊上书写标题，却能让人哭让人笑，是柔软亲切的朋友，也是割伤手指的利器——书的魅力很大程度上来自它的物质性，书沉重、笨拙，也灵动、优雅，这是一种在时代更迭之间显得愈发珍贵的气质。《我和博尔赫斯》即以书为道具来阐释抽象的感情，同时极富诗意地展示着书籍的物质之美：一开场，女演员就撑开一把伦敦必备的黑雨伞，书籍的散页纷纷下落，模糊了现实与幻境的界限（图3）；在一片黑暗中，灯光精准地落在演员们手中打开的书页上，翻动之间，清晰的剪影瞬间将书化为童话的舞台（图4）；一只奔跑的虎影从排列整齐的精装书脊上掠过，仿佛一个白日梦，由于博尔赫斯对虎的疯狂热爱，观众在惊喜中不由得会心一笑（图5）；逐渐失去视力的女孩儿抓不住书架里的书，它们总是悄悄从指间溜走，脚踏在书本堆成的崎岖之路上，不断向前走，又不断地跌倒滑落；书一

4

4. 翻动之间，清晰的剪影瞬间将书化为童话的舞台
5. 一只奔跑的虎影从排列整齐的精装书脊上掠过，仿佛一个白日梦
6. 环状的“多米诺骨牌”

会儿组合成飞机的形象，一会儿变成作家肩头的群鸟，一会儿排出环状的多米诺骨牌（图6）……在舞台上，如此具象表达原是非常冒险的行为，空动剧团却漂亮地完成了任务，取得令人意想不到的文学性和舞台效果。这样的创造力令人陶醉，也正用来应和博尔赫斯的话：“除了写作和做梦以外，我还能干什么？”

阅读也是做梦的一部分吧，博尔赫斯爱书成痴，在他心目中，天堂就是图书馆的样子，管理图书馆是“对评论艺术无声的实践”。博尔赫斯先后供职于多所公共图书馆，并在1955年任阿根廷国立图书馆馆长。《我和博尔赫斯》中也多次出现图书馆的场景，以及书架之间的对话。整个故事始于女孩儿爱丽丝到牛津大学图书馆面试，结束时又落于此，仿佛从打开到合上一本小说的过程，她对观众说出自己对书籍、文学和博尔赫斯的崇敬与热爱，也引出读书会友人们的交流。一见钟情的爱情和琐碎的生活都是文学，如果我们愿意，一切都可以被阅读；在宇宙图书馆里，人和书共同飘浮在空中，也许失重的状态才是最佳的阅读环境，在这里我们都得到完全的自由。大量的旁白也是此剧的特色，文字大多来源于博尔赫斯的作品：“图书馆走廊有螺旋楼梯，陡峭下沉，昂扬上升，通向远方。回廊有镜，忠实反射着所有影像，而我梦想，抛光的镜面代表和承诺了不朽。像所有图书馆人一样，我年轻时曾游历四方，为一本书到处搜索；现在，我的眼睛已几乎看不清我的字迹，我准备死在图书馆旁我出生的房子里，死后融入秋风，从而不朽。我以为人类这一独特的物种会灭绝，但图书馆永存，这一美好的愿景让我的喜悦从孤独中油然而升。”

短短一小时的剧目，竟由二十二幕组成：现代舞似的身

5

6

体语言和道具的巧妙挪移，使人目不转睛，忘记自己置身何处；演员身份的不断变化，巧妙而自然，观众不由自主地头脑飞转，心情随之起伏。《我和博尔赫斯》没有冗长的开场与谢幕，利落得让人几乎来不及鼓掌致敬。这个年轻的剧团大方地述说他们对于文学的深刻理解，在这戛然而止的静默之后，引发我们对于人与书关系的沉思，以及书是如何影响我们的生活的。

如果没有文学、没有书，也没有戏剧，那将是一个多么灰暗无趣的世界。空动剧团说，书籍能满足我们的所有感官需求。藏书者是物质欲望强烈的人，必须要拥有这些书，才感觉自己真的存在，而这些作为物的书，也可以放在书架上，也可以放在心里，这是书的奇妙之处。晚年失明的图书馆馆长博尔赫斯，完美地达到了这一境界，并在黑暗中找到文学的归宿。

“书和沙一样没有开头和结尾”，一切如此简单，什么都有可能。

评鉴与解读

慢书房：苏州古城里的书香故事

文：羊毛　图：留白庄

编者的话：借参加江苏书展活动之际，经速泰熙、周晨两位设计家一再介绍，与晓翔一同踏进姑苏曲巷里的“慢书房”，那天细雨绵绵，浮想幽径。慢书房独开门面，虽不大，人却多，满目书的世界：书柜、书桌、书灯，木香、书香、咖啡香，可心、温馨、随性。这里没有大书店的冷面孔和死规矩，有的是“慢师傅”带着温度的书情传递和舒适的阅读气氛。怪不得这里顾客盈门，读者慕名而来；怪不得被冠誉“江苏十大最美的书店”称号。小书店，大愿望，做实事，不张扬。一群80后的年轻人因为爱书，聚在一起，他们怀抱属于自己理想中的书店文化，聚合起年轻的爱书群体，推新书、办书会，传递出多少读书能量？他们的纯真和态度感动了许多人，我也是其中的一个。不由得在现场组稿，请书店主人将所思所想、所作所为与我们的出版人、编辑、设计师、发行人分享。请诸位同行不妨读一读这篇质朴的短文，定会有所感慨与联想。

写在正文之前：

花心思

书籍设计体现了人对书的尊重，那么书店也是同样，希望给予每一个阅读者充分的尊重，传递美好、愉悦的阅读感受。大多数书籍，手掌般大小，设计者却能在这横平竖直间，量身定制出艺术品位，书的内容得到再次升华。愿意花心思做这件事的人是谁呢？大多数不为人知，那又如何？触动双手的质感，划过视线的字行，都能享用着设计者的心思，这就足够了。这世上更容易取得名利的设计面向有很多，选择书籍，多半是出于对书的热爱吧。这种种与我们开书店的初衷多么相似。坐下来读一本书，喜欢了就带它走，感受它的生命途径，匹配那个时刻的自己。即使是小小的空间里，有什么比这件事更值得我们花心思？因为爱书，我们愿意让更多的人浸淫美，愿意像设计一本书一样关照这家店，这就是我们开书店的意义。

书之开本

无论是孩子喜欢的大绘本，或是旅人喜欢的口袋书，设计一本书的空间其实非常小，但设计师的创作灵感并不会因此受到局限。再小的舞台，都有舞者可以精彩。慢书房也很小，并甘于“小”，如同书的开本，装得下热爱与梦想。

关于规模：小书店，大书房

当初开书店的预想：一家装修有格调和环境安静的小店。书的摆放有节奏，人和人之间可以充分独立，有时也可因书而共鸣，窃窃低语……没有生意时，自己坐在柜台里喝咖啡、读书，亦非常惬意……书店如情人般呈现温柔的缠意。当苏州市中心观前街的一条叫蔡汇河头的宁静弄堂呈现在我们面前时，蕴藏着巨大的惊喜。台湾房东原本在这里经营一家不赚钱的陶瓷店，稳重而有品位。114平方米的长方形空间，由两个踏步台阶分割成相对独立

的两个区域，原有装修简洁而有质感。更好的是展示陶瓷的架子用来放书再合适不过了。第一次兜转其中，脑子里就出现了“书房”两个字，对啊，与其说是小书店，不如说是书房，充满书香和家的味道。这一天，我们拥有了能生长梦想的一小块土壤，和后来被很多人喜欢的名字——慢书房。

书之封面

现在网络购书盛行，即使在书店，也有大量塑封书，因此看封面买书的读者不在少数。换句话说，对封面的要求是“一眼识书”，一个画面、一个书名、一句概要，就能缩影这本书。于是我想，属于这家小书店的封面是什么？一个画面、一个店名、一句话介绍。

关于理念：繁华静处遇知音

慢书房是什么？“繁华静处遇知音——我的阅读空间”。喧闹市中心的静谧一角，只为等待相同频率的爱书人。书店不应仅仅是卖书的平台，更是坐下来阅读的空间。没有阅读，书就没有意义，我们想做的正

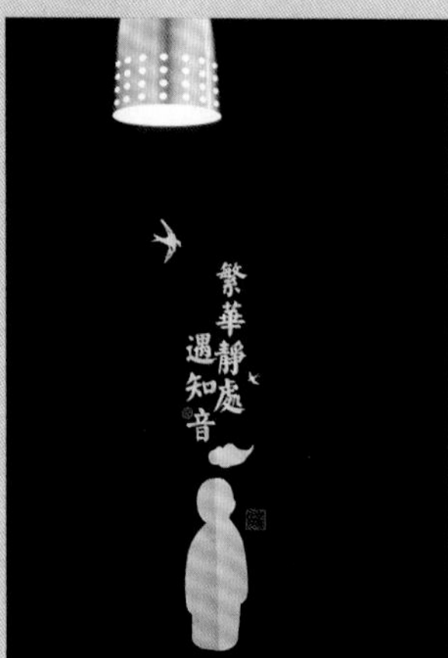

是建立人与书之间的关系。因此，这里有安静舒适的氛围可以看书，有各种类型的沙龙带大家读书，当然还有很多读者以书会友，自发地交流书。城市人的生活节奏太快了，快得错失了很多风景，进书店是为了放慢节奏，慢慢翻，慢慢读，慢慢想，慢慢看见自己本来的样子。我一说“慢书房”，你就懂了。至于一个画面，老式的苏州建筑、原木的门头、大大的玻璃窗里面，书架与书桌一目了然。路过的人驻足片刻，推门而入，就像看见一个喜欢的封面，翻开阅读一样。

书之护封

书籍护封有两个基本作用：一是保护，减少封面折损；二是装饰，为其增添美感。但很多时候，难免鸡肋，美是美，却不方便阅读。因此，读者喜欢能够将其利用，变成书签、海报、书衣等。突如其来的荣誉对于慢书房而言，恰似护封，欣喜之余，如何善用才是关键。

关于荣誉：最美书店的骄傲与惶恐

在江苏省新闻出版局主办的“江苏十大最美书店”评选中，慢书房以具有特色和活力的独立书店姿态名列其中。在获奖书店里，我们可能是规模最小的一家。这份殊荣，一方面是对慢书房阅读理念的肯定，让书店更加光彩照人；另一方面也是对于独立书店的扶持和保护。毕竟目前的社会状况下，书店生存令人担忧。始料未及的是，当最美书店的牌匾被挂在最醒目处时，我们也迎来了领导视察、同行参观、媒体访问，以及更多读者慕名而至……仿佛大学毕业的青年初入社会，兴奋又惶恐。好吧，那就带着一颗平常心继续前行吧，在“最美书店”带来的更多资源平台上坚持初心，走得更稳，更优雅。比如：向其他书店取经，开发书籍衍生产品；和政府图书馆合作，开展社区的“慢书慢读”；进入大型企业，为其提供组合式阅读服务等等，让书店更美。

书之书脊

书脊从字面理解就是书的脊梁，可见其重要性。它不仅是从封面到封底的连接，更是每一张书页的“根部”。没有书脊，所谓书就只是些散页而已。其实一间书店里，看见最多的就是书脊。

关于书籍：书，是书店的脊梁

慢书房的书不算多，目前大约5000册，由于规模不大、承载有限，所以必须精挑细选。首先我们不做教辅书，其次控制畅销书比例。整体以人文社科类为主。书的品质最能代表书店品质。每一个云朵标签后，都集结着一类有“共同语言”的书籍；最显眼处的大桌上平

铺或陈列新书及经典书，前厅主要摆放如女性般细腻的中外文学，两厅之间由旅行、心理、设计、植物、生活等书籍做连接；后厅的历史、哲学、经济、艺术等门类如男人般深沉；最底部书架是国学和推理的混搭；侧边夹层处有专属的儿童阅读区，童话和绘本都在这里。此外还有一些作家专题，如木心、马尔克斯、王小波，很多读者看见这些名字时如获至宝。如果你愿意在书店稍作停留，就不难发现，我们还有很多对书的“关照”：为某本书原创推荐语标签、作家书签墙、新书排行小黑板……力求将每一本书介绍给懂得的人。通过直面交流、网络传达及书面引导等多种方式，进行关于一本书的连续推荐、定期的新书推荐、阅读感受分享等等。书是书店的脊梁，我们能做的是努力呵护，使其挺拔而健康。

书之版式

书籍的排版最能影响读者的阅读感受，虽然，他们并不知道字号多少、行距几何，哪处专门留白、页码字体不同……可是如果感到阅读得流畅和舒服，那么除了文字本身的魅力外，排版功不可没。就像书店的服务，润物细无声，却能带来说不出的欢喜。

关于服务：书店人情味

和大书店相比，慢书房最值得骄傲的是人情味。每一位进来的客人，都可能成为朋友。我们提供与书籍相得益彰的健康茶饮，方便客人停留阅读。比如：来自新疆深山里的蜂蜜，原汁原味，已经成为书香伴侣；店内特设免费阅读区域，像图书馆一样坐下就能看书；倡导拆书爱书，塑封书在没有现成拆好的情况下，都可以自行拆阅，再决定是否购买；如果客人想要的书，店里没有或已经不再版，我们也启动全方位“找书”服务；各种型号的手机充电器、防蚊液、创可贴、配合阅读的纸笔……我们都尽量提供。凡是自己需要的，就是客人需要的，由己及人，就是最好的服务。不仅如此，我们还给小朋友讲故事，为选择恐惧症患者提供建议，分享书店心得……总而言之，即使你初次光临，也尽管像去老友家串门一样放松，来书店，图的就是个自在。

书之环衬

环衬是连接书芯与封皮的衬纸，其设计充满巧思，目的在于封面与内心牢固不脱离，内外视觉审美有个呼应关系，简言之是“表里如一”的可靠保障。书店的理念如果不能与书店连接，也不过是句空话。所以书店也需要环衬实现这个连接。

关于活动：每一个人的读书会

现在的独立书店存活法则之一就是活动，或者说活动能够带给书店无尽的活力。慢书房也不例外。书店以书为本，读书会就像我们的心头至爱一样，大体分为三种形式：传统读书会是以一本书为主题，邀请作者或相关专业人士进行解读和分享，目前，读书会已经通过自身魅力吸引到了徐贲、唐小兵等国内著名作家进行公益讲座，反响热烈。店外读书会，即去往企业、社区或其他单位，针对其特征，订制专门类别的读书会。慢书房最具独创性的读书会模式莫过于相书会了，每一季相书会均由慢师傅精选20本不同门类的经典书籍，邀请读者根据自己爱好进行选择，选择同一本书的读者形成小组，每个小组定期在店内组织阅读和讨论。待小组分享到一定程度，再由该小组发起，在店内组织读书会，将阅读成果与更多读者进行大分享。由此，形成每一个人的读书会。除了读书会，我们还有“周末电影院”“月圆诗会”，昆曲、丝绸、摄影等文化讲座，手工劳作、音乐会等各式沙龙，且所有活动均免费开放。慢书房周六晚上7点为固定活动时间，周五或周日也常常会有惊喜奉上。除了沙龙，店内还有“手抄书”“寄一本书给重要的人”等主题互动。总之，在这里，读书人不寂寞。

书之扉页

书籍的扉页常常只有几行字，通常是作者的心理感受，或者献给某某人，因为重要，也放在正文之前。书店应将什么放在扉页上，我想只能是读者吧——“献给走进慢书房的你”。

关于会员：书店最美的是人

“如果你喜欢慢书房，就留个念想在这儿吧。”这就是办会员的初衷。所以我们从来不兜售会员卡，成为会员的方式也很简单，300元充值，书和茶饮都从卡里走，88折优惠，第一年生日有一本30元以内的赠书，全场任选，所有活动都点对点通知，定期发送书籍推荐。购书达一定额度的会员可享受一对一的专项书推荐服务。目前，慢书房的会员已近800人，其中很多人成了我们的朋友，甚至成了我们的伙伴。慢书房里有太多人的故事：厦门的男孩子因为来过一次书店，便执意成为我们的店员；回老家去工作的女生临走之前买了一种茉香种在店里，希望彼此守候；有人成为我们读书会的主角；有人说服其所在单位领导让我们去建员工阅读室；有人为我们提供广播、报纸、电视各种宣传；还有数不尽的义工。我们有时开玩笑：书店遇到困难时，翻翻会员信息，总有人能帮上忙。好像进了书店，人都变得单纯起来，彼此相处没有负担。慢书房不是哪一个人的，而是一棵树，被许多人灌溉呵护，日渐昌盛，为更多爱书人遮风挡雨。

书之插图

这是一个读图时代，原本只是配角的插图，很多时候已经成为文字的伴侣，将内容具象化的同时，又为读者创造了想象空间。越来越多的“插图本”赋予了原著新的活力。慢书房的“插图”可谓精彩，以至于成为书店的一大亮点。

关于视觉：因为一张海报爱上一家店

书店之美，首先是视觉之美。很多人进了店就说：“好喜欢这个调子！”调子是什么？是藏青色、木色、白色搭配出的清爽，是每一张海报呈现的思想，是小小门牌上悠闲的云朵，抑或是每一张书签里藏着的内心……这里充满了设计。慢书房有一尊手工的泥塑，没有面容，谦卑地站立，他是谁？慢师傅？或者是我们每个人心里

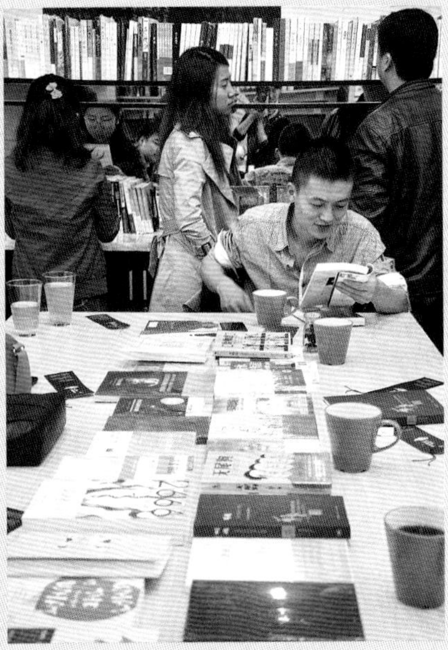

的那个自己？慢师傅坐一树枝上，那根树枝设计师在上海找了几天才寻到，要知道，现在的都市，树枝已是难得的奢侈品。慢书房的 LOGO 是一片闲云，或者一扇苏州的漏窗，看着它，心就慢下来。

书之封底

书籍封底上的条形码是一个客观存在，你只需要轻轻一扫，就能查找到关于这本书的所有信息，那是你了解这本书最直接的渠道。书店的二维码也是如此，你一扫，就能看见慢书房的所有资讯，但看不见的是我们为此付出的心思。

书之版权页

版权页是后台角色，很重要，但不起眼儿，它默默存在，仿佛守护着这本书。慢书房里的我们都叫慢师傅，我们就是那不起眼儿的存在，守护着这片梦想田地。

关于慢师傅：比生活高，比理想矮

在单向街书店的微博上有一句："我们所有人都做着介于苦劳力和店长之间所有的活儿。"顿有共鸣。的确书店的工作没有外人想象的那么文艺，相反有些乏味。与办公室的白领相比，似乎更加忙碌而辛苦。老板不是土豪，也不是富二代，而是几个 70 后、80 后，大学老师、广告人、设计师、摄影师，各有工作，在店里，只干活不取薪，从未奢望收回投入。而店员们既要对书有感觉，又要耐得住寂寞和清贫。为什么乐此不疲呢？恐怕就是因为守着这一屋子的书吧。每一本都仿佛一位孤独而脆弱的艺术家，需要我们理解和关照，我们就这样被书店改变着，变得平和，变得珍惜，变得懂得停下来思考和调整脚步。书店就像孩子，让我们为之付出，甘之如饴。

关于推广：这是最好的时代

最坏的时代，也是最好的时代，这就是网络带给我们的。因为网络，大家可以足不出户买到打折书，实体书店被一次次冲击。但也同样是因为网络，我们可以不花一分钱就实现最大范围的推广，迅速被认知和传播，这在过去是难以想象的。慢书房的地脚不算好，第一批客人几乎都是网络带来的；我们通过网络认识了很多出版社和作者，并且得到了他们的帮助；我们通过网络被外地读者看见，他们因为慢书房，将苏州设为旅途必经之地；我们通过网络不仅推荐书，更引导大家阅读的习惯；我们通过网络发布每一次活动的信息，让更多人在这里相遇。我们的微博和微信里没有促销、没有求粉、没有噱头，如同农夫，只是诚实耕耘，等待收获。现在我们定期推出 30 本书，供网络客人订购；现在会员需要书，只须发个微信给慢师傅。现在网络就像一面镜子，时刻提醒我们不忘初心。

母亲一旦说起自己的孩子，总是容易滔滔不绝，脸上洋溢着骄傲；设计师说起自己的得意之作，常常激动万分，生怕别人不能理解其全貌。书店对于我们而言，就是孩子和作品，千言万语，又怎能说尽？母亲会继续履行职责，设计师不会停下创作的脚步，我们对于慢书房的创想会日趋完美，不会结束。

书籍设计新资讯

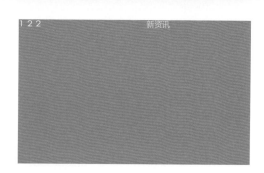

1 “上海书籍设计家十人展”在上海书展拉开海派书籍之美的帷幕

上海作为全球瞩目的文化型大都市，书籍设计艺术的文化承载和发展，已随着社会历史的进步形成了独有的海派文化韵味。展览汇集了著名书籍设计家袁银昌和上海各出版单位、文化设计工作室知名书籍设计师张志全、姜庆共、张国梁、姜明、周艳梅、赵晓音、陈楠、卢晓红、张璎共10人的书籍设计作品，并以书籍设计的魅力感染读者，展览吸引了众多读者和书籍艺术爱好者。

与展览同步，由上海市新闻出版局、“中国最美的书”评委会汇编，上海人民美术出版社出版了《上海书籍设计师作品集》，展览期间举办了10位设计家与观众互动的签名活动，引发了更多读者对于书卷艺术的共鸣。

《上海书籍设计师作品集》由袁银昌担任顾问、俞颖责编、张国梁精心设计，10位设计家的近期作品汇编一册，设计者编辑设计思路新颖，讲究阅读的质感，每本书附100字的“设计者说”（中英文），全书展现了上海书籍设计艺术的成果和风格。

《上海书籍设计师作品集》/ 书籍设计：张国梁 / 上海人民美术出版社

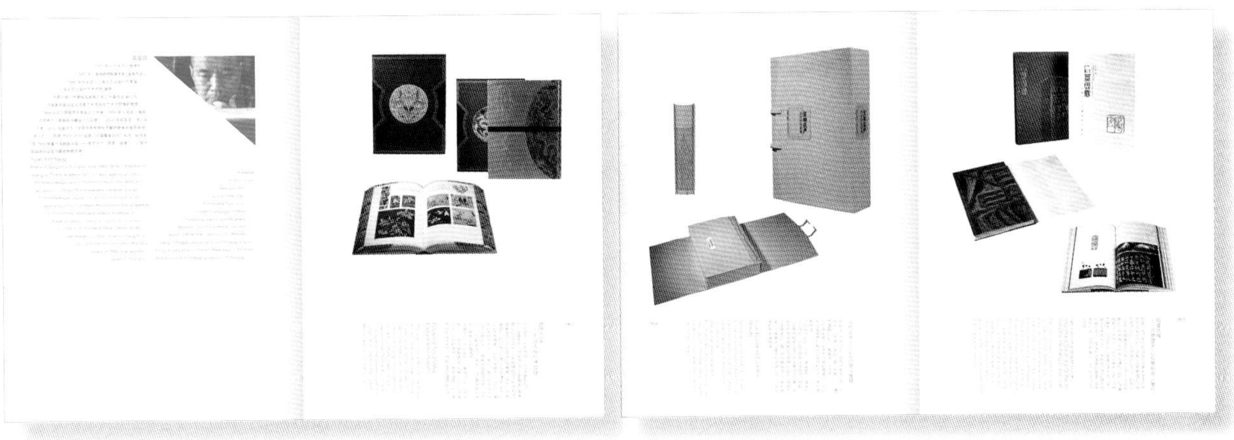

袁银昌作品

张志全作品

姜庆共作品

张国梁作品

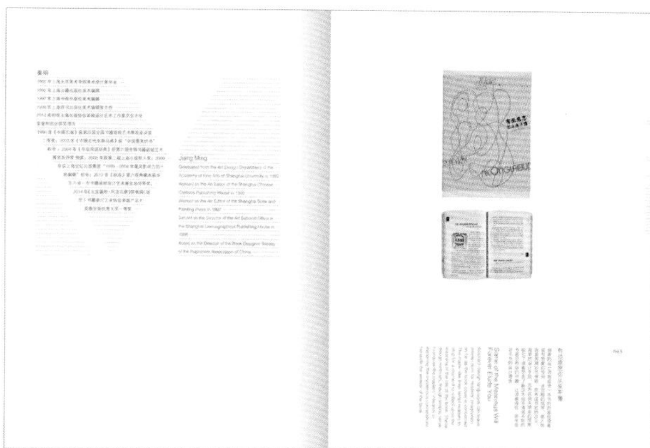

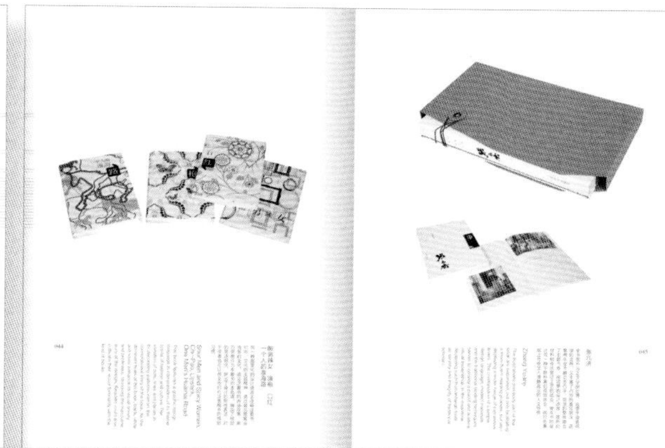

姜明作品

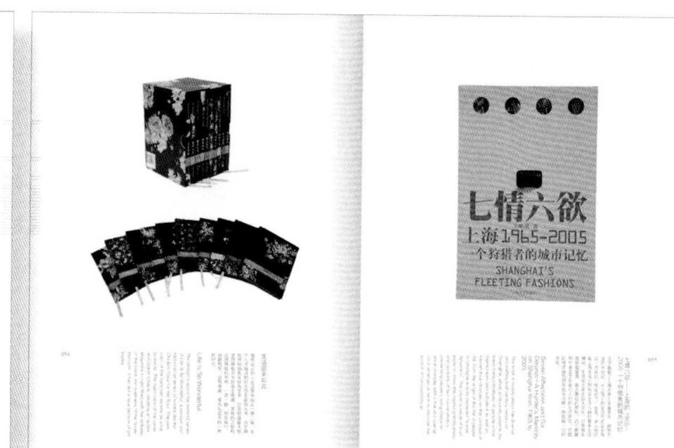

周艳梅作品

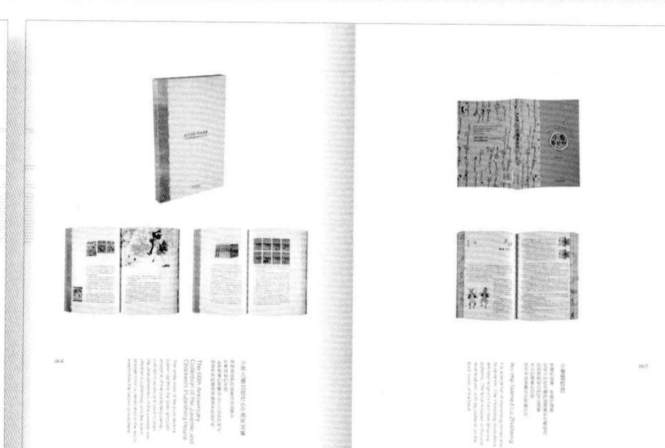

赵晓音作品

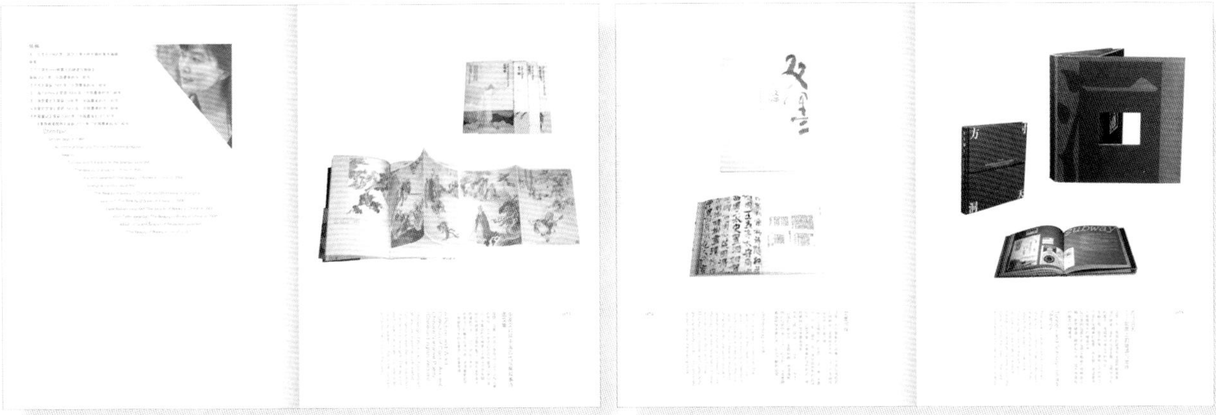

陈楠作品

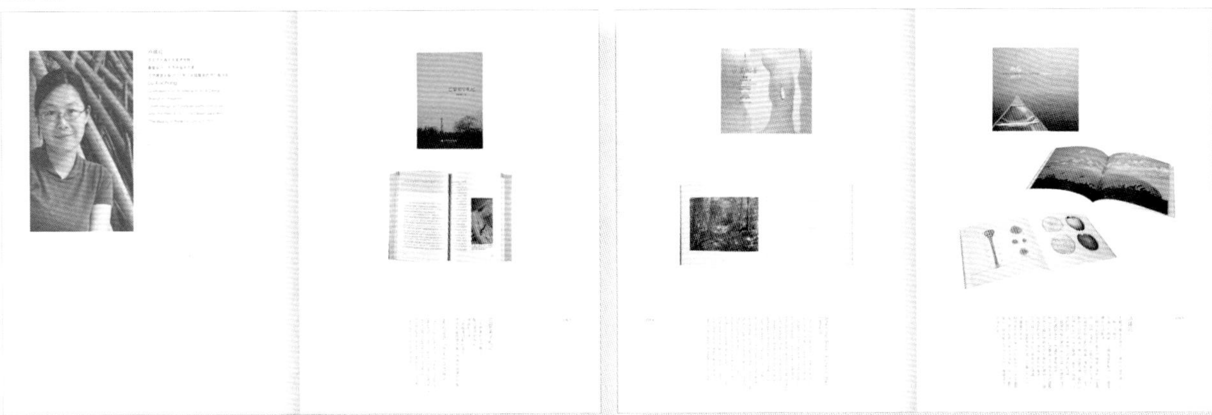

卢晓红作品

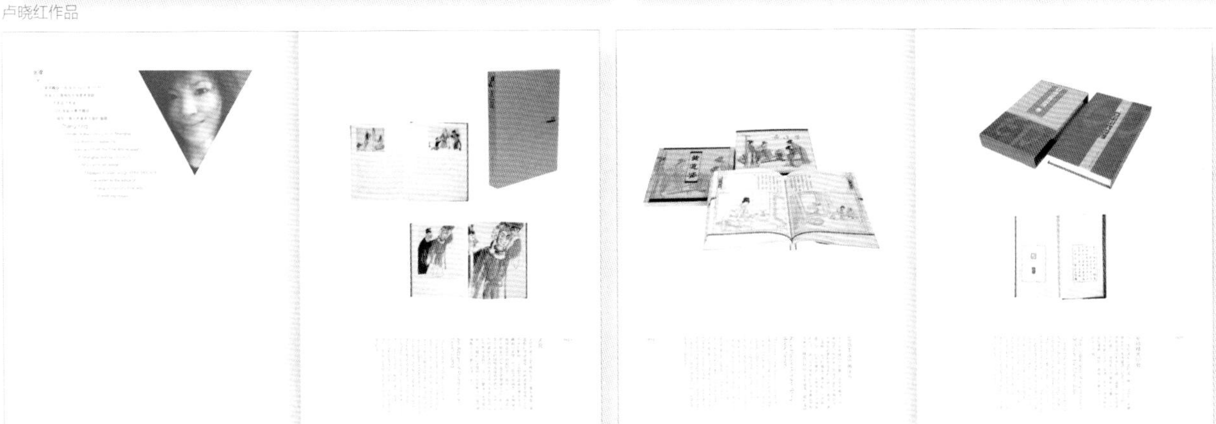

张璎作品

2 最美的书店 & 最美的书

“最美”这个词，在汉语的一些语境中有“美”“好”两种意思。对“最美的书”而言，不仅有外在形象之“美”（包括书的正文内页形式感），还有内在功能之“好”。

“世界最美的书”评选标准就是这样：1. 形式与内容统一，文字、图像之间和谐（功能之“好”）；2. 书籍的物化之美，对质量与印制水平的高标准（形态之“美”、功能之“好”）；3. 原创性，鼓励想象力与个性（“美与好”只有原创才称得上最“美”）；4. 注重历史的积累，体现文化传承（“美”要有“根”才更美）。

最美的书是创造一种美的书的形态，准确表现、传达文本的精神以及内容。最美书店也是创造一种美的书店的形态，搭起一座联系读者和书之间美好的桥梁，让读者体验书的文化魅力，选购自己喜爱的书。

最美的书和最美的书店特质都是一致的：创造性、形态美、功能好。江苏省这次评出了 10 家“最美书店”，它们都不约而同地具备“创”“美”“好”。

南京先锋书店五台山总店是书店形态变革的先锋。走进宏大深远的店堂，一种不同凡响的艺术气息扑面而来：柱上的格言诗句、走廊里的塑像、天花板上文豪的肖像……营造出一种文化至上的神圣印象。400 多座的阅读空间舒适现代；500 多种创意产品洋溢着诗意；每年近百场文化活动，让书店充满活力。它最早倡导“学术、文化沙龙、艺术画廊、电影、音乐、创意、生活”的经营方式，率先突破了大卖场式的单一卖书陈旧模式，让书店成为爱书人的流连忘返之地，成为城市的一块文化艺术高地、一座都市的文化客厅。先锋书店被美国 CNN 记者称为“中国最美的书店”，被英国 BBC 评为“世界十大最美书店”之一，绝对离不开它创造的“美”和“好”。

江苏十家最美的书店

南京先锋书店五台山店

南京凤凰国际书城

张家港书城

苏州慢书房

江苏大众书局新街口店

无锡百草园书店

海门麦穗书房

博库书城徐州店

苏州古旧书店

灌南新华书店新兴路店

其他“江苏最美书店”创造的“美”“好”也各有自己的特色。

南京凤凰国际书城建筑气派非凡，每年过千场文化活动成为其最大特色。他们设计制作的一枚枚精美别致的藏书票，让每个活动的文化之美给读者留下永久的记忆。

张家港书城引领读书风尚和培训阅读习惯的努力，给评委们留下深刻印象。他们专门到北京学习“亲子阅读”，并在“优乐益智馆”实践，从小培养读者，实为一件美事。

小小的苏州慢书房，店堂小巧文雅。年轻的“慢师傅”（员工自称）们组织了店内读书会、店外读书会、相书会。更有意思的是邀请读者一同造美——参与原创书签和明信片设计，使慢书房成为同样年轻的读者自己的书房。

江苏大众书局新街口店，店堂里内置图书的透明楼梯让人眼睛一亮。书架回廊式布局犹如江南园林，曲折幽深。原先 24 万种书被精选为 8 万种，用特色专框形式陈列。100 多种“中国最美的书”专题陈列，引导读者关注书籍设计之美，思维前卫新锐。每年百场文化活动，也为书店之美（好）加分。

江苏“最美书店”的评选给我们上了生动的一课。打造“最美书店”和打造“最美的书”二者的目的不同：“最美的书”是创造一种美的书的形态，更好地传达文本内容、精神；“最美书店”是创造一种美的书店的形态，包括各种美（好）的活动，向读者推介好书。但二者的本质都是一种创造：一种“美”的创造——“美好”的创造。

3 论坛：书籍设计 · 新造书运动

——第四届江苏书展的一个亮点

2014 年 7 月 2 日，以“阅读点亮梦想，书香成就人生”为主题的第四届江苏书展在苏州文化艺术中心拉开了帷幕。书展由中共江苏省省委宣传部、江苏省新闻出版局、苏州市人民政府、江苏凤凰出版传媒集团共同主办，主展场设在了苏州国际博览中心，为期 4 天，展出了来自 16 个省市 500 多家单位的各类图书达 14 万种。书展期间还举办了各种精彩的文化阅读活动和论坛，其中，7 月 5 日以“书籍设计 · 新造书运动”为题的这场论坛尤为精彩。

5 日上午 9 时 30 分，“书籍设计 · 新造书运动”论坛准时开始，由江苏省新闻出版局党组成员、省纪委驻局纪检组组长沈辉主持。台上受邀嘉宾有吕敬人、速泰熙、赵清、朱赢椿、周晨、张国梁、陈楠、刘晓翔这 8 位知名的书籍设计师。台下座无虚席，观众以年轻人为主，也不乏老人和小孩儿。很多前来的观众尽管没有座位，也是站着聚精会神地听着。论坛首先由吕敬人老师发表题为“书籍设计 · 新造书运动”的演讲。吕敬人老师介绍了中国书籍设计的进程，以及随着中国书籍艺术的发展和进步创造了观念更新的机会，为中国书籍设计师提供了施展创意才华的舞台。他说，书籍是信息诗意栖息的建筑，

书籍设计应该关注文本编辑和阅读结构，强调了书籍设计的概念，认为书是文本在流动中最适宜栖息的场所，在书籍空间中又拥有时间的含义，这是区别于装帧的书籍设计所拥有的核心概念。同时书籍设计师要突破书衣打扮的装帧观念局限，书籍设计是一个动词，而不是一个名词，它应该是信息传播领域跨界思维和方法论的综合应用，并且应当为电子载体的可持续性发展提供更多的可能性，因此，书籍设计师要拥有文本信息阅读的构筑意识。接着，吕敬人老师又介绍了近年来中国书籍设计发展进程中的几个比较重要的展览。他说，21 世纪数码科技迎来了信息传播多元的时代，视频浏览打破了人们千年不变的阅读形式，但是，他又说，书籍是精神的粮食，虽然中国人的粮食温饱已经解决了，但人们的精神粮食还营养不足，从而更加体现了书籍设计的价值。

吕敬人老师还介绍了国内外的书店，其中一个就是被国际媒体评誉为“中国最美的书店”和“世界十大最美的书店”之一的先锋书店，从而以此鼓励更多的文化人参与独立书店的经营，开辟出新阅读生活的一角，为大众拉起逆时代而行的“后书店文化”的帷幕。

吕敬人老师感谢数码电子载体，是它们的存在给了做书人重塑书卷之美的机会。他觉得设计的善意来自与以往装帧不同的书籍，书籍设计师要了解书籍设计的新概念，要有正确的态度，要明白他们所承担的责任，设计师要为读者提供一本本理想、愉悦、诗意的美书，要激发读者的“阅读动力”，当然了，这也激发了设计师的创作欲，给他们带来了幸福感。最后，吕敬人老师总结说，信息时代将拉开新造书运动的帷幕，富有创意的书籍也将拥有无限的生命力。

随后，其他 7 位书籍设计师也一起上台，就这次论坛的主题依次发表了自己的看法。现场气氛相当融洽，台上的书籍设计师们讲得精彩，台下的听众们也都听得认真。这场论坛不仅仅是书籍设计师之间思想的碰撞，也是做书人与读书人之间精神的交流。

颜庆婷

4 “敬人纸语”第四期书籍设计研修班结业并赴韩国参观考察

“敬人纸语”第四期书籍设计研修班 2014 年 7 月 21 日至 8 月 3 日在北京“敬人纸语”举办，本期研修班聘请德国书籍设计家、中国最美的书评委雷娜特·斯蒂芬，德国设计家、2014 世界最美的书评委曼雅·赫尔普，韩国设计家、韩国中央艺术大学教授金均担任教师并做 workshop。中国设计师宋协伟、吴勇、刘晓翔、杨林青也在本期研修班任教，徐京华老师向学员传授手工书制作流程和工艺。研修班结业后部分学员在吕敬人老师带领下赴韩国坡州、首尔、全州考察了坡州书城、安尚秀学校等韩国出版、设计家工坊。

5 “书的设计：第八届全国书籍设计艺术展优秀作品展——北京站”在北京服装学院创新园举办

“书的设计：第八届全国书籍设计艺术展优秀作品展——北京站”在北京服装学院创新园举办。开幕式于 2014 年 9 月 23 日下午 2 点 30 分举行，北京服装学院院长刘元凤教授、副院长贾荣林教授，创新园总经理王琪先生，中国出版协会装帧艺术工作委员会秘书长符晓笛先生等出席开幕式。展览于 2014 年 10 月 7 日结束。

开幕式结束后由吕敬人先生主持了学术论坛，刘晓翔、杨林青、马仕睿、连杰分别做了“诗意阅读·纸上建筑”“点制系统：构筑信息的原点”“我在出版圈的日子”“设计之后”学术讲座。

6 “纸语人生”展在北京“敬人纸语”举办

“纸语人生”展2014年9月24日至10月18日在北京“敬人纸语”举办，连杰、部凡新书《世界最浪漫的事都是免费的》首发式及讲座同时进行。

纸语人生——话说您的故事，用纸留住回忆

阿根廷作家博尔赫斯曾经说过：“在所有人类的发明中，最令人惊叹的，无疑是书。其他发明只是人类躯体的拓展罢了。显微镜和望远镜是视觉的拓展，电话是声音的拓展，还有犁和剑可谓双臂的拓展。可是书却是另一种东西：书籍是记忆和想象的拓展。”

书的定义不仅仅停留在作家的笔下，每个人的生活都在书写着自己的故事，起落的思绪将不同的篇章缝缀成书。有时候不同的人在不同的故事中相遇，一页连着一页又构成了新的书。有关人生的经历、生活的体验，对长辈、儿女、自己，为友谊、爱情、亲情……不管是一年还是十年，不管是一段经历还是一生感悟……都值得用文字和图像去记载，然而不经过整理就储存在电脑里的资料像年复一年的落叶让人迷失。如何梳理出过去那些不论是真实还是已成幻象的情感，筛选出一个遥远的名字还是挽留一粒微风中飘浮的尘埃？如何留住时间和空间的回忆，让自己、让亲人、让友人难以忘记？

本次展览邀请各个行业的人士，如普通老百姓、学生、教师、医生、职员、军人、企业家、退休老人……他们或已将家书出版，或已订制成书册保存，或不为出版仅为自己阅读；有儿子为父亲写的，有学生为老师画的，有妈妈为宝宝做的，有丈夫为妻子写的，有自己为自己记录的，也有集体的回忆集体编写的；有经过设计师精心编排设计过的，也有即兴创作的；有精致如欧洲的典籍，也有质朴如手制的小册。通过纸张载体的呈现，这些形态各异的作品从多种角度阐释了人对记忆的理解，表达出的情感无一不真挚入微。

纸语记录生活，用书页留存回忆，感恩更多情感，传承人文良知，保留住传统纸面阅读有温度的回声。